Berichtigungen

zu: O. C. Hilgenberg, Die Bruchstruktur der sialischen Erdkruste

Seite 22, Zeile 1:	Moeara, an Stelle von: Moera
Seite 28, Zeile 28:	N 60° W, an Stelle von: N 60° E
Seite 28, Zeile 30:	10° N, an Stelle von 10° S
Seite 28, letzte Zeile:	N 78° E, an Stelle von: N 78° W
Seite 43, Zeile 2:	1 : 2 000 000, an Stelle von: 1 : 20 000 000
Seite 49, Zeile 22:	Jelstrup- und Øverbye-Fjellet, an Stelle von: Jelstrup-Øverbye-Fjellet
Seite 89, Zeile 2:	dem die betreffenden, an Stelle von: dem betreffenden
Seite 99, Zeile 11:	Die, an Stelle von: Dei

(427) K. Köhler, Berlin-Mahlsdorf 457 XVII. P.I.L.V. NR. 199/50

DK 551.41/.42
620.172/.176
539.375.5

DIE BRUCHSTRUKTUR
DER SIALISCHEN ERDKRUSTE

VON

DR.-ING. OTT CHRISTOPH HILGENBERG

MIT 4 TAFELN UND 40 ABBILDUNGEN

1949

AKADEMIE-VERLAG BERLIN

Erschienen im Akademie-Verlag GmbH., Berlin NW 7, Schiffbauerdamm 19
Verlags-Lizenz-Nr. 156 · 3592/48–3182/48
Gedruckt vom Leipziger Druckhaus, Leipzig (M 115)
Bestell- und Verlags-Nr. 5022

Inhaltsverzeichnis

1 FRÜHERE VERSUCHE, EINE GERICHTETE STRUKTUR DER ERDRINDE AUFZUDECKEN

Der Gedanke, daß in der Erdoberfläche eine gesetzmäßig gerichtete Struktur zum Ausdruck komme, ist so vielerseits als verfolgenswert in Betracht gezogen worden, daß die wenigen hier angeführten Beispiele derartiger Veröffentlichungen nur als geringer Bruchteil des einschlägigen Schrifttums bezeichnet werden können. Immerhin geben die zusammengefaßten Schrifttumsverzeichnisse dieser wenigen Beispiele einen einigermaßen vollständigen Überblick über dieses Schrifttum.

Bereits vor 90 Jahren vertrat *Weiss* (1856) die Meinung, daß der Geomorphologie Thüringens ein Netz mit vier um je 45° voneinander abweichenden ausgezeichneten Richtungen zugrunde liege.

Daubrée (1880) zog als erster die Festigkeitslehre zur Deutung geologischer Vorgänge heran. Seine bahnbrechenden Druck- und Torsionsversuche, seine geomorphologischen Studien und Analogien zu Festigkeitsversuchen, sowie seine Messungen an Verwerfungen waren grundlegend. Auf sie wird nachfolgend im einzelnen zurückgekommen.

Im Gegensatz zu *Weiss* (1856) findet *Deecke* (1908) durch Vergleichen von charakteristischen Strukturrichtungen und von im Erdrelief vorhandenen auffallenden Winkeln, daß typische Richtungen nicht um 45° voneinander abweichen, sondern daß Winkel von 30°, 60°, 90°, 120° und 150° eine Rolle spielen. Des weiteren behauptet *Deecke* eine Zuordbarkeit von Strukturrichtungen auf ein und denselben Großkreisen der Erde.

Neben Geologen und Geographen haben namentlich Seismologen die Idee des Bestehens einer gerichteten Struktur der Erdkruste aufgegriffen. So bezeichnet *Hobbs* auffällig gerade landschaftliche Linien als „Erdlineamente", unabhängig davon, ob sie als Erdbebenlinien erwiesen sind; vgl. *Hobbs* u. *Ruska* (1910).

In gleicher Weise wie *Hobbs* sucht *Sieberg* (1932) als Erdbebenforscher einen Großschollenbau der Erdrinde nachzuweisen.

Nach *Daubrée* war namentlich *Seidl* (1930, 1934) bestrebt, Berührungspunkte zu finden zwischen den Gebieten der Festigkeitslehre und der Geotektonik.

Auf typische Wiederholungen von Großformen Deutschlands und deren Beziehungen zu den Großformen der Erde weist *Solger* (1935) hin.

Ähnlich wie *Deecke* ist *Sonder* (1938) von einer Bruchstruktur der Erdkruste überzeugt, die er den „lineamenttektonischen Kluftplan der Erde" nennt.

2 DAS EMPIRISCH FESTGESTELLTE BRUCHSCHEMA DER ERDRINDE

21 Ein neues Richtungsschema

Die erwähnten Richtungsschemata von *Weiss* (1856, Tafel 16) und *Deecke* (1908) sind in Abb. 1 und Abb. 2 dargestellt. Sie weichen so sehr voneinander ab, daß man sie als einander widersprechend bezeichnen muß. Das Schema nach Abb. 1 entspricht dem Schwächeflächennetz der Festigkeitslehre, bei dem theoretisch Verschiebungen in den Ebenen der größten Scherbeanspruchung entstehen, die mit der größten und kleinsten Hauptspannung einen Winkel von 45° bilden; vgl. Abschnitt 411 (lies: vier/eins/eins). Manche geologische Feststellungen sprechen hingegen für das von *Deecke* vorgeschlagene Schema nach Abb. 2. Beispielsweise schreibt *Krueger* (1930, S. 114) über eine „*senkrechte oder spießwinklige Anordnung der Kluft-*

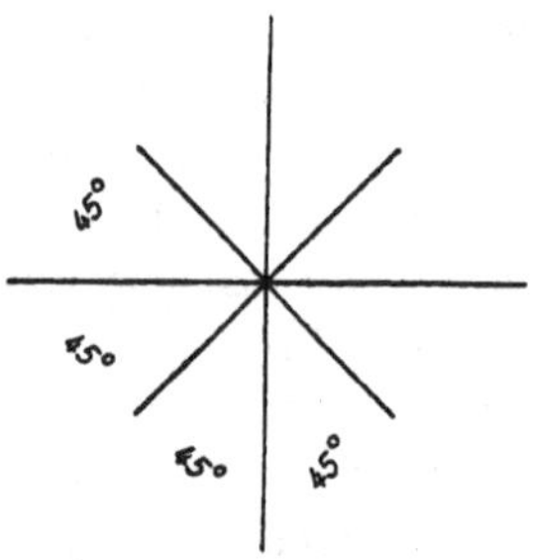

Abb. 1. Richtungsschema zur geomorphologischen Struktur Thüringens nach *Weiss* (1856).

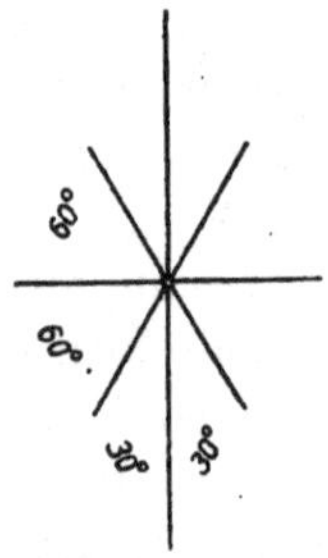

Abb. 2. Aus den Feststellungen von *Deecke* (1908) über das Auftreten von vorherrschenden Winkeln in der Struktur der Erdoberfläche konstruiertes Richtungsschema.

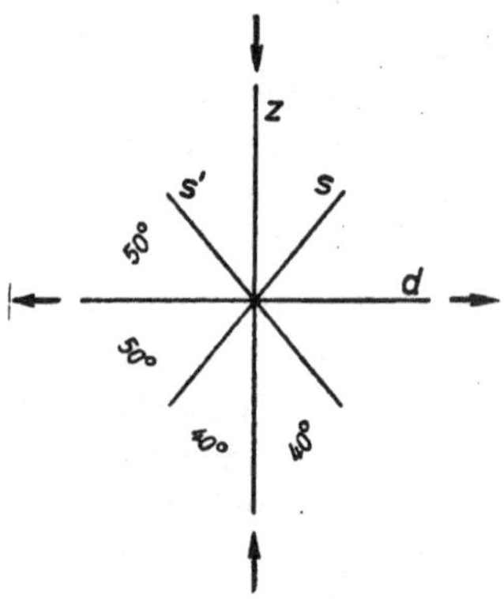

Abb. 3. Empirisch gefundenes Richtungsschema für Strukturlinien auf der Erdoberfläche.

systeme", während *Elbert* (1912, S. 339, 341) den Ausdruck „*rhomboidales Spaltengitter*" geprägt hat. Ich selbst habe bei dem Versuche, hypothetische Scherungsnetze in Nordamerika nachzuweisen, zahlreiche Zuordnungen von beobachteten Strukturlinien zu den vier typischen Richtungen des Schemas nach Abb. 1 vornehmen können; vgl. *Hilgenberg* (1933, S. 11···21, Tafel 2) sowie *Hilgenberg* (1940, S. 261···262). Gerade der Umstand, daß dieses Richtungsschema im Gegensatz zu vielen im Kartenbild nachweisbaren Liniengittern keine rhombische Struktur erkennen läßt, bewog mich dazu, es aufzugeben.

Jedoch gelangte ich nicht zu dem gleichen Ergebnis wie *Deecke*, sondern zu dem in Abb. 3 dargestellten Richtungsschema. Senkrecht zu der als *z*-Richtung bezeichneten Richtung dieses Schemas war, worauf noch zurückgekommen wird, vermutlich eine Zugspannung wirksam. Senkrecht zur *d*-Richtung war mutmaßlich eine Druckbeanspruchung wirksam, während

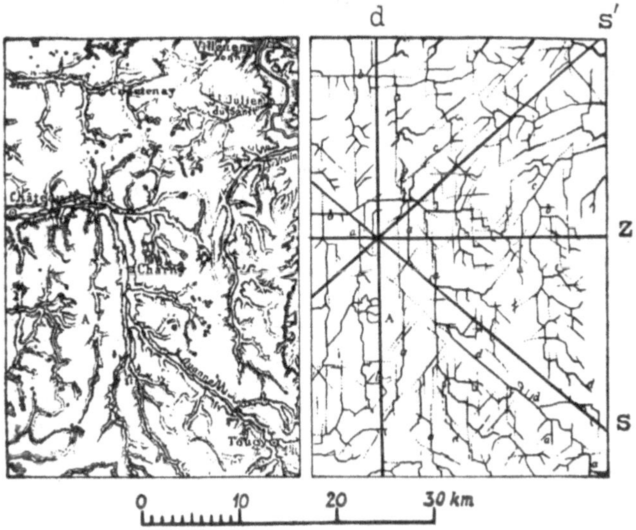

Abb. 4. Gewässernetz der Hochebene von Charny und Courtenay in Frankreich, schematisiert, nach *Daubrée* (1880). Die *z*-Richtung des nachträglich zugeordneten Richtungsschemas nach Abb. 3 ist identisch mit der Ost-West-Richtung.

längs der Richtungen *s* und *s'* vermutlich Schub- oder Scherungsbeanspruchungen herrschten. Dementsprechend wurden die Bezeichnungen der typischen Richtungen in Abb. 3 gewählt. Die Schubrichtungen *s* und *s'* weichen um je 40° von der *z*-Richtung, der mutmaßlichen Richtung von Zerrungsspalten, ab. Mit der *d*-Richtung bilden sie demnach Winkel von je 50°. Typische Richtungsunterschiede sind 40°, 50°, 80°, 90°, 100°, 130° und 140°. Von diesem Schema nach Abb. 3 könnte man nachträglich sagen, es sei durch Mittelbildung aus Abb. 1 und Abb. 2 entstanden in der Weise, daß der Abb. 1 etwas höheres Gewicht zuerkannt sei; denn die *s*- und die *s'*-Richtung von Abb. 3 weichen um 5° ab von den entsprechenden Richtungen in Abb. 1, hingegen um 10° von den entsprechenden Richtungen in Abb. 2.

Das in Abb. 3 dargestellte Richtungsschema fand ich empirisch durch Ausmessen zahlreicher Strukturnetze wie das in Abb. 4 angegebene, das von *Daubrée* stammt; vgl. *Daubrée* (1880, S. 276···277, Tafel 4, Fig. 2 u. 3). In dem Gewässersystem dieser, hier im Maßstab 1:720000 wiedergegebenen Kartenskizze der südwestlich von Joigny (Yonne) gelegenen Hochebene von Charny (Aube) und Courtenay (Loiret) in Mittelfrankreich kommt neben einer rechtwinkligen Struktur auch eine rhombische Struktur zum Ausdruck. Senkrecht zueinander stehen die Richtungen z und d. Einen Winkel von 80° bilden die Richtungen s und s' miteinander. Die in der rechten Hälfte von Abb. 4 vorgenommene Schematisierung der Richtungen von Wasserläufen der Kartenskizze in der linken Hälfte von Abb. 4 stammt von *Daubrée*, während von mir das Richtungsschema nach Abb. 3 hinzugefügt wurde. Das Richtungsschema ist im vorliegenden Fall so orientiert, daß die z-Richtung in Ostwestrichtung verläuft. In abgekürzter Schreibweise, mit der international geltenden Abkürzung E für „Osten" ist z = E-W.

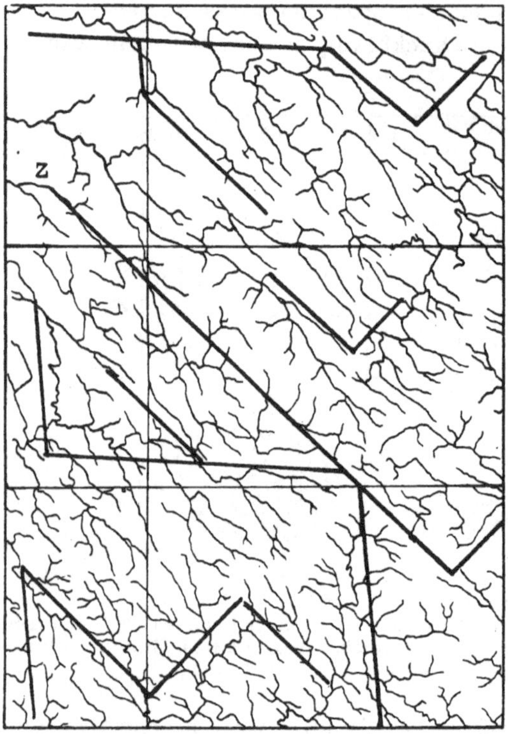

Abb. 5. Dem Richtungsschema nach Abb. 3, entsprechend z = N 47° W, zugeordnetes Gewässernetz des Berglandes von Travancore zwischen 10° und 9° 30′ N sowie 76° 48′ und 77° E nach *Krebs* (1933) bzw. dem Blatt 58 C NE der indischen Landesaufnahme.

Ganz ähnlich wie in Abb. 4 läßt sich das Richtungsschema nach Abb. 3 auch der von *Krebs* (1933, S. 246, Fig. 26) beschriebenen Gewässernetzkarte des Berglandes von Travancore in Vorderindien zuordnen; vgl. Abb. 5. Die z-Richtung ist hier so orientiert, daß sie, westlich gedreht, um einen Winkel von 47° von Norden abweicht. Die Gleichung z = N 47° W gibt diese Streichrichtung der z-Richtung in abgekürzter Schreibweise wieder. Das Auftreten von zusätzlichen abweichenden Richtungen im Kartenbild, z. B. der Richtung N 20° W im Westteil von Abb. 5, ist wahrscheinlich der Grund dafür, daß das von mir vorgeschlagene Richtungsschema nicht schon eher gefunden wurde.

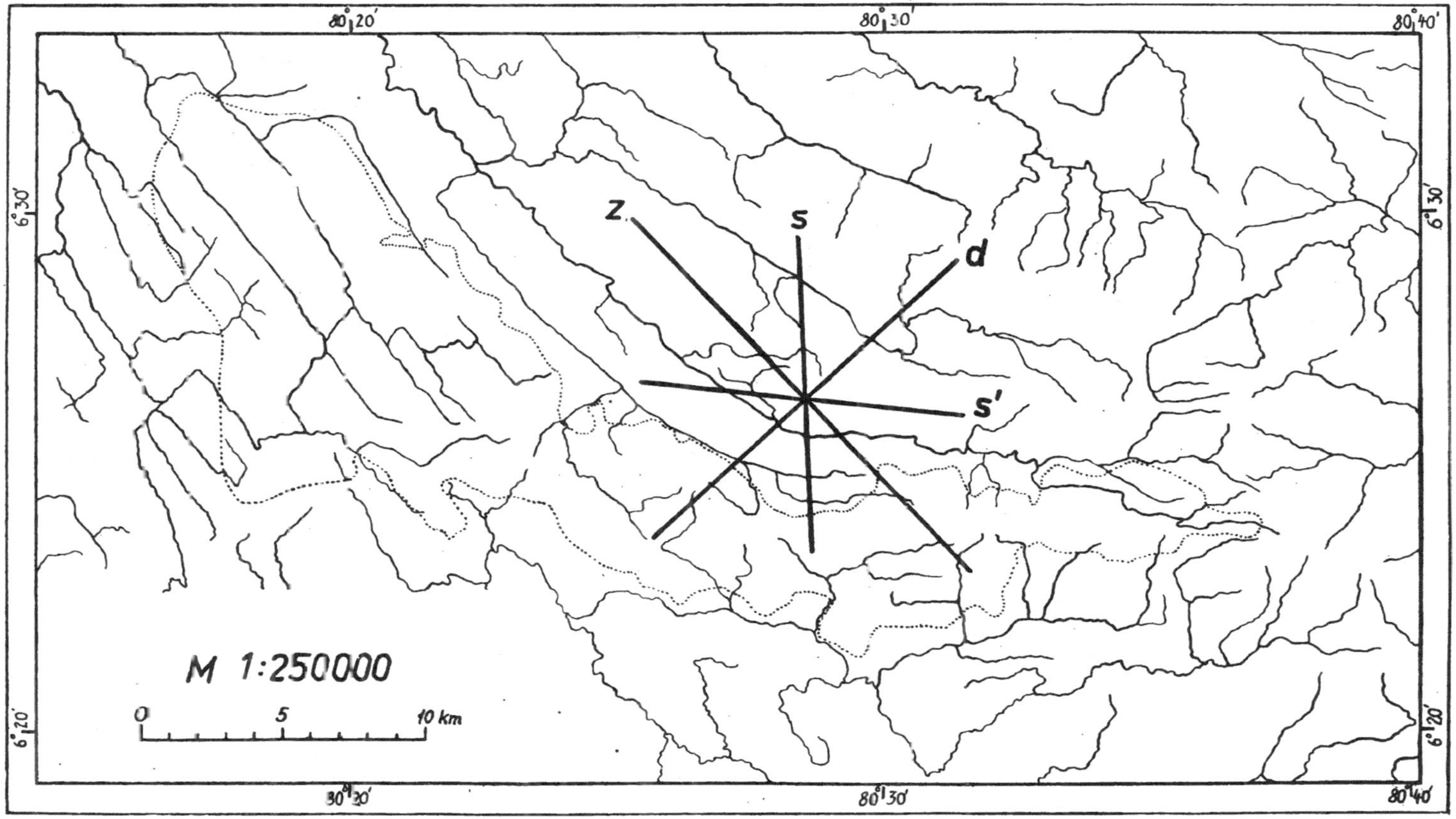

Abb. 6. Gewässernetz auf Ceylon nach *Baker* (1937) mit eingezeichneten vier vorherrschenden Richtungen nach Abb. 3. Die punktierte Linie kennzeichnet die ungefähre Grenze des Sinharaja-Regenwaldes.

Ein weiteres Gewässersystem, dem in unverkennbarer Weise das Richtungsschema nach Abb. 3 zugrunde liegt, zeigt Abb. 6. Dieses von *Baker* (1937) an Hand einer Karte mit Höhenschichtlinien in Maßstab 1:253000 beschriebene Gewässernetz auf Ceylon entwässert vor allem den Sinharaja-Regenwald. In diesem Beispiel ist die *z*-Richtung identisch mit der Richtung N 43° W, d. h. die *z*-Richtung weicht von Norden um 43°, nach Westen zu gedreht, ab. Selbstverständlich tragen auch die in Abb. 6 weggelassenen Höhenschichtlinien zur Orientierung des in Abb. 6 eingezeichneten Richtungsschemas nach Abb. 3 bei. Auch in Abb. 6 treten wieder in geringer Zahl abweichende Richtungen auf. Vielleicht entstehen abweichende Richtungen dadurch, daß kurze geradlinige Wasserlaufabschnitte zweier typischer Richtungen sich abwechselnd aneinanderreihen. Der abweichend in Richtung N 25° E streichende unscheinbare Bach, östlich des Buchstabens *s* für die *s*-Richtung an dem Richtungsstern in Abb. 6, setzt sich in der Tat aus kurzen Stücken zusammen, die abwechselnd der *s*- und der *d*-Richtung folgen.

22 Zulässige Abweichungen vom Richtungsschema

Über die in einem ausgedehnten geologischen Kluftsystem auftretenden Abweichungen von den vier nach Abb. 3 um 40° bzw. 50° zueinander verdrehten Hauptkluftrichtungen geben Aufschluß die Messungen von *Daubrée* (1880, S. 357···366) im Walde von Fontainebleau auf einer Gesamtfläche von 180 km². Aus einer Zahlentafel von *Daubrée* lassen sich die folgenden Mittelwerte der Richtungen von im Sandstein von Fontainebleau und im Kalkstein von Beauce vorhandenen Klüften entnehmen oder errechnen: N 104° E aus 437 Messungen (Längsbegrenzungsflächen von Blöcken, joints en long), N 12° E aus 112 Messungen (Querbegrenzungsflächen von Blöcken, joints en travers), N 59° E (aus 2 Messungen bei Croix d'Augas N 60° E und 1 Messung bei Rocher Bouligny N 56° E) sowie N 150° E (aus 4 Messungen bei Rocher des Demoiselles N 145° E, 1 Messung bei Grand Mont Chauvet N 160° E und 1 Messung bei Rocher et Gorge de Franchard N 160° E). Unter Berücksichtigung der Zahl und des Gewichtes der Messungen lassen sich diese Meßwerte dem Richtungsschema nach Abb. 3 so zuordnen, daß als *z*-Richtung N 76° W, als *d*-Richtung N 14° E und als *s*- bzw. *s'*-Richtung N 64° E bzw. N 36° W in Erscheinung treten. Die Richtungen N 104° E und N 76° W sind identisch. *Daubrée* benutzte die an erster Stelle angegebene Schreibweise. Ein Maß für die Größe der Abweichungen einzelner Kluftrichtungen von der zugehörigen Hauptkluftrichtung gemäß Abb. 3 ergibt sich aus den die Längsklüfte im Sandstein von Fontainebleau betreffenden Messungen. *Daubrée* schreibt hierüber: „*Die vorherrschende Richtung schwankt zwischen N 95° O und N 118° O, und ihr Mittel beträgt N 105° O. Ein und dieselbe Diaklase weicht oft schon auf eine Entfernung von einigen 20 Metern um 15 bis 20° von ihrer Richtung ab; doch erklären sich diese Abweichungen von dem Mittel leicht und es ist nur merkwürdig, daß sie nicht größer sind.*" Ähnliche Abweichungen, zuweilen bis 20°, stellte *Daubrée* (1880, S. 248···250, Tafel IV, Fig. 1) bei den Richtungen der die Uferklippen der Normandie bildenden Klüfte fest. Diese Abweichungen lassen zwar, bezogen auf das Schema von Abb. 3, nur zwei Sektoren von je 10° als unmögliche Spaltenrichtung frei. Es darf aber nicht übersehen werden, daß unter Einbeziehung der Häufigkeit der verschieden großen Abweichungen sich die bekannte Gaußsche Fehlerkurve mit der Höchsthäufigkeit der Abweichung Null bei den ausgezogenen Linien von Abb. 3 ergibt.

23 Das „Bruchschema" und seine Handhabung

Um schnell auf topographischen, geomorphologischen oder geologischen Karten und Kartenskizzen überprüfen zu können, ob das als grundsätzlich vorhanden vermutete Strukturgitter nach Abb. 3 wirklich vorhanden ist, fertigte ich auf durchsichtigem Werkstoff ein entsprechendes Liniennetz an. Es wird im folgenden kurz als „Bruchschema" bezeichnet und ist als Tafel 1 in der Tasche des hinteren Umschlagdeckels beigefügt. Eine der *s*-Linien ist stark ausgezogen, um die *s*- und die *s'*-Richtung besser auseinanderhalten zu können. Natürlich darf das „Bruchschema" nicht mit der Rückseite nach oben aufgelegt werden, da hierdurch die *s*- und die *s'*-Richtung vertauscht werden.

Die Handhabung des „Bruchschemas" ist sehr einfach. Das es verkörpernde durchsichtige Liniennetz wird so lange auf der zu untersuchenden Karte oder Kartenskizze verschoben bzw. gedreht, bis die Zahl der möglichen Zuordnungen von Strukturlinien der Karte zu typischen Richtungen des „Bruchschemas" einen Höchstwert erreicht. Gute Zuordnungen sind solche, bei denen die zugeordnete Strukturlinie genau parallel läuft zu einer typischen Richtung. Als noch zulässig können nach den Messungen von *Daubrée* solche Zuordnungen bezeichnet werden, bei denen die zugeordnete Strukturlinie einen Winkel bis zu 10° mit einer typischen Richtung bildet. Weichen Strukturlinien um mehr als 10° bis zu 20° bzw. 25° von den typischen Richtungen ab, so kann keine Zuordnung mehr erfolgen.

Als Strukturrichtungen auf der Erdoberfläche kommen in Frage sowohl geographische Strukturlinien, z. B. Richtungen von Meeresküsten, Inseln oder Fjorden, Streichrichtungen von Gebirgen oder Mulden, Richtungen von Abschnitten von Flußläufen oder Höhenschichtlinien u. dgl., als auch geologische Strukturlinien, z. B. Richtungen von geologischen Schichtgrenzen oder -stufen, von Verwerfungen oder Überschiebungen, von offenen oder mit Erstarrungs- oder Ganggestein angefüllten Spalten, von Vulkanreihen usw.

Ist das „Bruchschema" auf der zu untersuchenden Karte in eine Lage gebracht worden, in der ein Höchstwert von Zuordnungen erreicht ist, so genügt zur Festlegung dieser Lage die Angabe der Abweichung einer beliebigen typischen Richtung von der Nordrichtung in einem beliebigen Punkte der Karte. Im folgenden ist zur Orientierung des „Bruchschemas" auf Karten stets die z-Richtung gewählt worden, die mit der Richtung der langen Rhombendiagonale des „Bruchschemas" identisch ist. In niederen Breiten sind die einmal festgestellten typischen Richtungen selbst für große Gebiete ziemlich unabhängig vom Gradnetz der Erde. In hohen Breiten jedoch tritt infolge der Konvergenz der Meridiane nach den Polen zu eine starke Abhängigkeit der typischen Richtungen von der geographischen Länge auf; vgl. z. B. Zahlentafel 2 bzw. Abb. 17. Für nicht zu große Gebiete ist die Abhängigkeit der typischen Richtungen von der geographischen Breite auch in hohen Breiten vernachlässigbar. Für sehr große Gebiete der Erdoberfläche kann das ebene „Bruchschema" nach Tafel 1 infolge der Erdkrümmung nicht mehr verwendet werden. In diesem Falle empfiehlt sich die Darstellung der z-Linien als Parallelkreise der Erde und der d-Linien als Meridiane (Großkreise) der Erde.

Mit Hilfe des „Bruchschemas" gelang es leicht, eine große Anzahl von Belegen für die ihm zugrunde liegenden Richtungsgegebenheiten beizubringen, und zwar in weit ausgedehnten Gebieten der Erdoberfläche, die insgesamt etwa 75% der Landoberfläche der Erde ausmachen. Abb. 7 bis 15 sowie Tafel 2 bis 4 zeigen derartige

24 Beispiele für die Zuordnung von Strukturlinien der Erdrinde zu typischen Richtungen des „Bruchschemas"

241 Westdeutschland

Bodenseegebiet und Nachbargebiete

Die in Abb. 7 nach *Schmidle* (1944) wiedergegebene Kartenskizze im Maßstab 1:200000 zeigt die wichtigste Tektonik des Bodenseegebietes. Beim Auflegen des Bruchschemas, entsprechend $z = \text{N } 85° \text{ W}$, lassen sich die meisten der in dieser Kartenskizze eingezeichneten Verwerfungen den typischen Richtungen des Bruchschemas zuordnen. Besonders gute Übereinstimmung bedingen der typische 40°-Winkel aus in z- und s-Richtung streichenden Verwerfungen bei Nesselwangen, nördlich des Bodensees, sowie die beiden weiteren typischen 40°-Winkel aus gleichfalls in z- und s-Richtung streichenden Verwerfungen, 9 km östlich von Nesselwangen

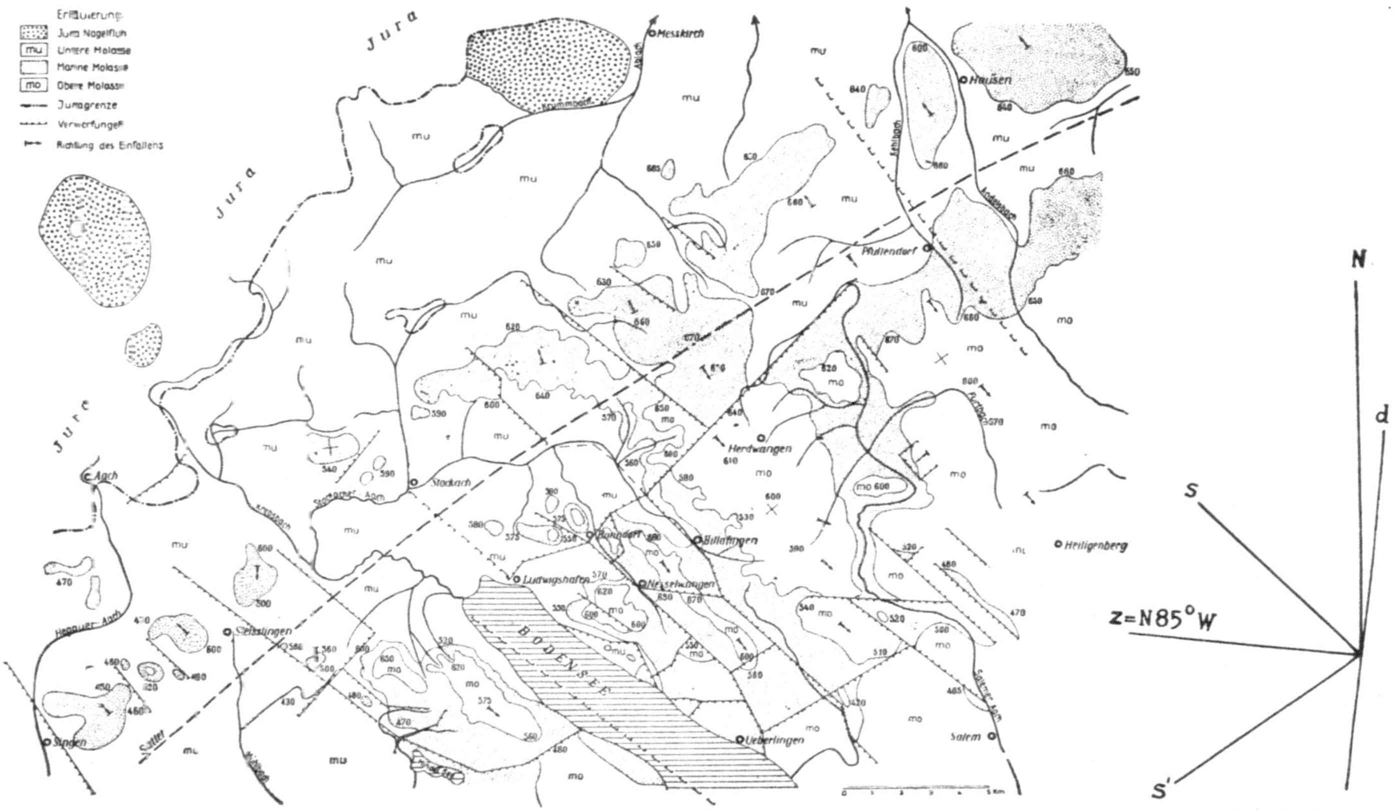

Abb. 7. Tektonik im Bodenseegebiet nach *Schmidle* (1944) mit Zuordnung von Verwerfungen zu den typischen Richtungen des Bruchschemas, entsprechend $z = N\,85°\,W$.

zwischen den beiden Höhen 520. Ein aus Verwerfungen gebildeter 70°-Winkel, der im Sinne des Bruchschemas als angenäherter typischer 80°-Winkel zwischen der *s*- und *s'*-Richtung anzusprechen ist, liegt südlich von den genannten beiden Höhen 520. Ein weiterer typischer 80°-Winkel bzw. ein typischer 100°-Winkel werden durch in *s*- und in *s'*-Richtung streichende Verwerfungen westlich von Überlingen, jedoch auf der Westseite des Bodensees, gebildet.

Einige von *Deecke* (1926) in seiner Abhandlung „Der Zusammenhang von Flußlauf und Tektonik, dargestellt an den Flüssen SW-Deutschlands" gebrachte Skizzen bestätigen ohne großen Zwang die Orientierung des Bruchschemas gemäß Abb. 7. In *Deeckes* (1926, S. 5, Fig. 2) Übersicht über die Rheinläufe unterhalb Schaffhausen und die Tektonik am Rheinfall ergeben sich Zuordnungen von Verwerfungen zur *d*-, *s'*- und *s*-Richtung, wenn das Bruchschema entsprechend $z =$ N 85° W orientiert ist. Auch in *Deeckes* (1926, S. 13, Fig. 3) Skizze der Tektonik der Gegend von Waldhut und der Aaremündung nach *J. Abels* läßt sich das Bruchschema entsprechend $z =$ N 85° W orientieren. Das gleiche gilt für *Deeckes* (1926, S. 51, Fig. 10) Kartenskizze des oberen Kinzigtales im Schwarzwald. Als *z*-Richtung für *Deeckes* (1926, S. 41, Fig. 8) Kartenskizze des mittleren Neckar nach der Regelmannschen Karte ergibt sich N 80° W bis N 85° W. Westlich des Rheins geht aus der von *Deecke* (1926, Tafel 2) gebrachten tektonischen Übersichtskarte des Metzer Jura nach *W. Klüpfel* im Maßstab 1:200000 mit hoher Wahrscheinlichkeit die Richtung N 75° W als *z*-Richtung hervor. In dieser Kartenskizze sind $s =$ N 35° W und $s' =$ N 65° E die hauptsächlichsten Richtungen von Verwerfungen.

Als die vier im Schwarzwald vorherrschenden tektonischen Richtungen gibt *Deecke* (1933, S. 154···172) die varistische Richtung bzw. *H. Philipps* ENE-Richtung, die herzynische Richtung NW-SE, die rheinische Richtung N-S und die E-W-Richtung an. Die von mir vorgeschlagenen entsprechenden Richtungen $s' =$ N 55° E, $s =$ N 45° W, $d =$ N 5° E und $z =$ N 85° W weichen um 12° links gedreht, 0°, 5° rechts gedreht und um 5° rechts gedreht von den von *Deecke* angegebenen Richtungen ab.

Gute Zuordnungen, entsprechend einer Orientierung $z =$ N 85° W, lassen sich auch in den folgenden von *Deecke* (1933) gebrachten Skizzen vornehmen: die wichtigsten Linien des Kraichgaues (S. 202, Fig. 9); Schichtlinien des Buntsandsteins im Hornisgrindegebiet nach *G. Wagner* (S. 210, Fig. 14); oberste Talabschnitte der Großen und Kleinen Kinzig (S. 218, Fig. 20); Grenze von Granit und Gneis im Eisenbacher Granitmassiv nach *S. v. Bubnoff* (S. 243, Fig. 30); Tektonik der Schopfheimer Bucht, südlich des Blauen Massivs (S. 268, Fig. 39); Gebiet um Ehrsberg, östlich vom Großen Wiesental nach *H. Philipp* (S. 272, Fig. 40); Tektonik des Gebietes zwischen Schluchsee und unterem Wutachtal (S. 289, Fig. 44).

In *v. Bubnoffs* (1926, S. 10, Fig. 2) Kluftrose des Kluftfallens im Triberger Granit kommen bei den saigeren Klüften, wie sich durch Auflegen des „Bruchschemas" leicht zeigen läßt, mit Ausnahme der *z*-Richtung die typischen Richtungen, gemäß der Orientierung $z = $ N 85° W, gut zum Ausdruck. Bei den Klüften mit westlichem beliebigem Fallen kommen alle vier typischen Richtungen zum Ausdruck. Bei den Klüften mit östlichem Fallen 61°…89° lassen sich jedoch nur die *s*- und die *s'*-Richtung den vorherrschenden Richtungen von *v. Bubnoffs* Kluftrose zuordnen.

Eine Reihe von Kartenskizzen in *Wagners* (1929) Abhandlung „Junge Krustenbewegungen im Landschaftsbilde Süddeutschlands" bestätigen die Orientierung des Bruchschemas gemäß $z = $ N 85° W für Südwestdeutschland, z. B. die Kartenskizzen: Alte Flußläufe zwischen Allmendingen und Schelklingen mit allen vier typischen Richtungen (Abb. 23, S. 30), Wutach-Donau-Gebiet mit hervortretender *z*-Richtung (Abb. 40/41, S. 60/61), Cannstatter Becken mit ausgeprägter *s*- und *z*-Richtung sowie Tektonik des Fildergrabens mit ausgeprägter *s*-Richtung (Abb. 98 u. 99, S. 184/187), Alte-Neckar-Schlinge bei Mauer in *d*-Richtung (Abb. 120, S. 231) und Fränkische Platte mit hervortretender *s'*-Richtung.

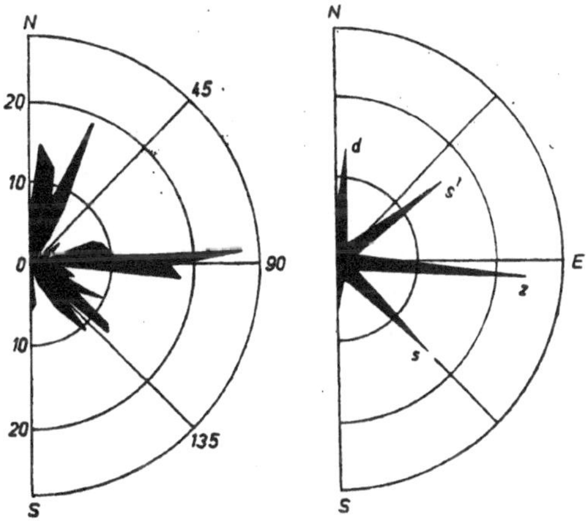

Abb. 8. Vergleich des von *Eisenhut* (1942) für den NE-Teil des von ihm untersuchten Teilgebietes der Schwäbischen Alb festgestellten Kluftsterns mit dem gemäß $z = $ N 85° W orientierten, dem Richtungsschema nach Abb. 3 entsprechenden Kluftstern.

Ähnlich wie in Abb. 4…6 lassen sich auch die vorherrschenden Richtungen der von *Wagner* (1938, S. 163, Abb. 1; S. 168, Abb. 3) beschriebenen Gewässernetze der Brenz und der oberen Donau den vier typischen Richtungen des gemäß $z = $ N 85° W orientierten „Bruchschemas" zuordnen.

Im nordöstlich des in Abb. 7 dargestellten Bodenseegebietes liegenden bzw. westlich von Ulm liegenden Bereich der Schwäbischen Alb bestätigen geologische Untersuchungen von *Eisenhut* (1942) gleichfalls die Orientierung des Bruchschemas gemäß $z = $ N 85° W; vgl. insbesondere: *Eisenhut* (1942, S. 428/429, Abb. 3) Kluftstern mit vorherrschender *d*- und *z*-Richtung im SW-Teil des untersuchten Gebietes; (S. 428/429, Abb. 4, hier als Teil von Abb. 8 wiedergegeben) Kluftstern mit vorherrschender *d*-, *z*- und *s*-Richtung sowie angedeuteter *s'*-Richtung im NE-Teil des untersuchten Gebietes; (S. 442/443, Karte 1, 1:100000) Hauptrichtung des burdigalen Kliffs, parallel zur s'-Richtung N 55° E; (S. 442/443, Karte 2, 1:172000) hauptsächlich in d- und z-Richtung laufende Verwerfungen; (S. 446/447, Karte 3, 1:172000) vorherrschend in s-Richtung N 45° W laufende Talrichtungen.

Scholle von Münster

Abb. 9 zeigt die Struktur der Schrägscholle von Münster im Maßstab 1:120000 nach *Quiring* (1924). Wird das „Bruchschema" mit Abb. 9 so zur Deckung gebracht, daß z = N 65° W ist, was durch den in Abb. 9

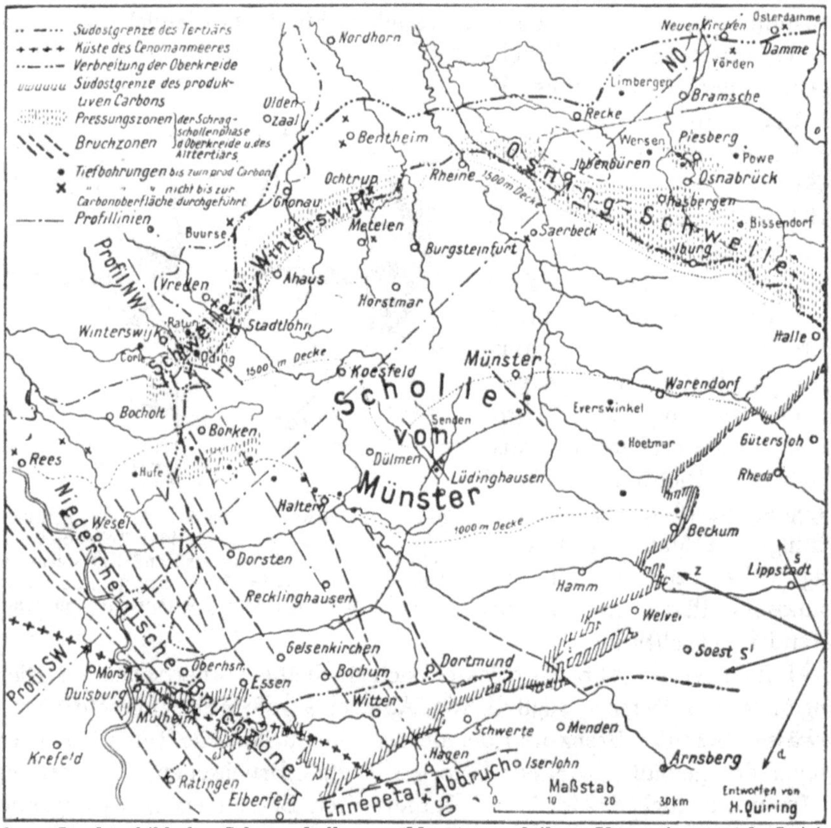

Abb. 9. Strukturbild der Schrägscholle von Münster und ihrer Umrandung nach *Quiring* (1924) mit eingezeichnetem Richtungsstern der typischen Richtungen des Bruchschemas gemäß z = N 65° W.

eingezeichneten Richtungsstern der typischen Richtungen erleichtert wird, so läßt sich die Mehrzahl der Strukturlinien der Scholle von Münster den Richtungen des „Bruchschemas" zuordnen. Der Ennepetal-Abbruch im Süden läuft parallel zur s'-Richtung. In der gleichen Richtung streichen die nördlich davon liegenden Staffeln der Grenze der Oberkreide. Die Küste des Cenomanmeeres in der Südwestecke von Abb. 9 verläuft im wesentlichen in *z*-Richtung. Die Hauptstreichrichtung der in Abb. 9 eingetragenen Verwerfungen ist die *s*-Richtung. Zwischen Dortmund und Hamm erstreckt sich ein Verwerfungszug in *z*-Richtung. Er verlängert einen zur *z*-Richtung parallel laufenden Abschnitt der Lippe.

Die Lippe setzt sich aus Abschnitten zusammen, die abwechselnd parallel zur *z*- und zur *s'*-Richtung laufen. Die Hauptrichtung der rechtsseitigen Nebenflüsse des Rheins ist die *s'*-Richtung. Die Durchschnittsrichtungen der natürlichen Hauptabschnitte des Ruhrlaufs entsprechen besser der *s'*-, der *s*- und der *z*-Richtung gemäß Abb. 9 als den von *Goebel* (1925) hierfür vorgesehenen Richtungen. Die rechtsseitigen Zuflüsse der Ems folgen der *z*-Richtung. Die Ems selbst fließt im Oberlauf parallel zur *s*-Richtung.

Die Osningschwelle, deren Südwestrand mit der Grenze der Oberkreide identisch ist, streicht in *z*-Richtung. Die Schwelle von Winterswijk, die ebenfalls von der Grenze der Oberkreide begleitet wird, streicht im Südwesten in *d*-Richtung und im Nordwesten in *s'*-Richtung.

Selbst der Umstand, daß die Richtungen der geradlinigen Teilabschnitte des Dortmund-Ems-Kanals sich den typischen Richtungen zuordnen lassen, ist nach meinem Dafürhalten kein Zufall, sondern strukturell bzw. topographisch bedingt.

Die Überprüfung eines Teiles der soeben beschriebenen Zuordnungen von gerichteten Strukturen der Münsterscholle zu den typischen Richtungen des Bruchschemas an Hand der geologischen Karte des Südrandes des Beckens von Münster zwischen Menden und Witten im Maßstab 1:100000 nach *Krusch* (1908) festigt meinen Abb. 9 betreffenden Vorschlag.

Nach *Kruschs* (1908, Tafel 1) geologischer Karte streicht die überwiegende Mehrzahl der vorwiegend im Karbon festgestellten Verwerfungen in *s*-Richtung. Von den zahlreichen möglichen Zuordnungen von gerichteten Strukturen dieser Karte zu den typischen Richtungen bringe ich einige an und für sich unwesentliche Beispiele.

Am Ostrand der Karte, südlich von Brockhausen, befindet sich nordöstlich des Noltenkopfes ein typischer 140°-Winkel, dessen einer Schenkel parallel zu einer Verwerfung verläuft und der an seinen beiden Schenkeln Rotliegendes von Waldenburger Schichten trennt.

Die linksseitigen Zuflüsse der Ruhr folgen typischen Richtungen, z. B. Refflinger-Bach (*d*), Baar-Bach (allgemeine Richtung *s*, Teilrichtungen *s z d*).

Zwischen Dorstfeld und Klein-Barop fließt der Imscher-Bach, beiderseits besäumt von Turonstreifen, in *s*-Richtung.

4 km nördlich von Scherfede sind auf engem Raum 4 Verwerfungen angegeben, von denen 2 in *s*-Richtung, die beiden anderen in *s'*- bzw. in *d*-Richtung streichen.

Die großen Verwerfungszüge in *Kruschs* (1908, Tafel 2) Flözkarte des Südrandes des Beckens von Münster laufen parallel zu typischen Richtungen. Von Südwesten aus nach Nordosten zu betrachtet, folgen aufeinander die Rüdinghauser Verwerfungen (im Norden *s*, im Süden angenähert *z*), der Kirchlinder Sprung bzw. Aschepohls Quartur (im Norden *s*, im Süden *z*), die Bickefelder Störung bzw. Aschepohls Quintur (*s*), der Courler Sprung (*z*), der Unnaer Sprung (abweichend), die Königsborner Störung (*s*) und der Fliericher oder Drechener Sprung (*s*). Die in Antiklinalrichtung laufenden Verwerfungen weichen allerdings um bis zu 10° von der *s'*-Richtung ab.

Die *z*-, *s*- und *d*-Richtung in Abb. 9 entsprechen gut der herzynischen Richtung, der eggischen Richtung und der rheinischen Richtung. Für die an das betrachtete Gebiet sich südlich anschließende Hessische Tiefe gehen aus einer Skizze von *Stille* (1936, S. 674, Abb. 2) für diese Richtungen die in Zahlentafel 1 links angegebenen Zahlenwerte hervor. Die Abweichungen von den in der Mitte von Zahlentafel 1 angegebenen typischen Richtungen betragen 1° bis 5°.

Spalte 1 In Nordwestdeutschland vorherrschende geologische Richtungen nach *Stille* (1936)	Abweichung zwischen Spalte 1 und Spalte 2	Spalte 2 Für die Scholle von Münster geltende typische Richtungen des Bruchschemas	Abweichung zwischen Spalte 2 und Spalte 3	Spalte 3 Richtungen der Kluftsysteme I und IV des Ruhrbezirks nach *Kukuk* (1938)
herzynische Richtung N 60° W	5°	*z* = N 65° W	4°	Richtung IV, C2 119° = N 61° W
eggische Richtung N 24° W	1°	*s* = N 25° W	4°	Richtung I, C2 159° = N 21° W
		s' = N 75° E	8°	Richtung I, C1 67° = N 67° E
rheinische Richtung N 26° E	1°	*d* = N 25° E	3°	Richtung IV, C1 28° = N 28° E

Zahlentafel 1. *Vergleich von geologischen Strukturrichtungen in Nordwestdeutschland*

Die von *Kukuk* (1938, S. 345, Abb. 388) als vorhanden festgestellten Kluftsysteme des Ruhrbezirks bzw. die dieses Gebiet betreffende Kluftrose führen zu dem aus Zahlentafel 1 rechts ersichtlichen Vergleich. Es ergeben sich Abweichungen von 3° bis 8°.

Die Zuordnungen von gerichteten Strukturen gemäß Abb. 9 in der Umgegend von Osnabrück werden bestätigt durch die von *Kaiser* (1930) durchgeführten Vergleiche zwischen dem Verlauf der Linien gleicher *z*-Komponenten des erdmagnetischen Feldes, dem Verlauf der Linien gleicher Bouguerscher Schwereanomalien und dem Verlauf geologischer

Strukturlinien. Durch Auflegen des Bruchschemas (Tafel 1), entsprechend $z = N\ 65°\ W$, auf die von *Kaiser* (1930, Tafel 1, 2 u. 3) in den Maßstäben 1:250000, 1:150000 und 1:800000 gebrachten Karten der näheren und weiteren Umgebung von Osnabrück wird ersichtlich, daß sowohl viele geradlinige Abschnitte der magnetischen *z*-Anomalien und der Bouguerschen Schwereanomalien als auch zahlreiche geologische Störungslinien und Verwerfungen parallel laufen zu den vier typischen Richtungen des Bruchschemas.

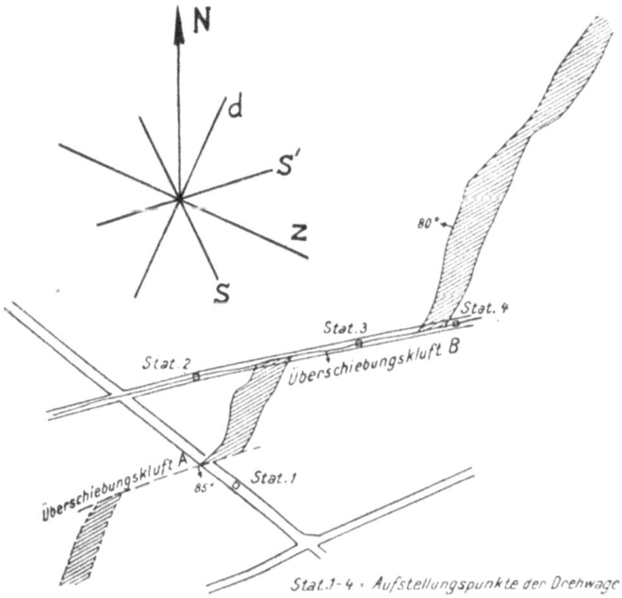

Abb. 10. Zerlegung des parallel zur d-Richtung streichenden Mittagsganges der Grube „Friedrich Wilhelm" bei Herdorf in drei Gangstücke durch zwei ungefähr parallel zur s'-Richtung streichende Überschiebungsklüfte; vgl. *Quiring* (1924 a).

In Übereinstimmung hiermit ergaben sich nach den Untersuchungen von *Börger* (1928, S. 815, 820, 842, Fig. 5) über vorherrschende Richtungen von Gesteinsklüften und Verwerfungen im Gebiet der westlich von Osnabrück bzw. nördlich der Osningschwelle gelegenen Ibbenbürener Bergplatte nach Abzug der durch nachträgliche Schrägstellung von Schollen erfolgten Abweichungen als Mittelwerte die beiden Richtungen $22° = N\ 22°\ E$ und $113° = N\ 67°\ W$, die von der *d*- und der *z*-Richtung gemäß Abb. 9 nur um 3° bzw. 2° abweichen.

Im südlich der Scholle von Münster gelegenen Siegerland zeigt besonders eindrucksvoll der von *Quiring* (1924 a) beschriebene Hauptgang der Grube „Friedrich Wilhelm" bei Herdorf die Orientierung des Bruchschemas, entsprechend $z = N\ 65°\ W$. Dort wurden 1922 von *O. Barsch* Drehwaagemessungen ausgeführt. Durch die Feststellung einer Änderung des Libellenstandes der Drehwaage nach Sprengschüssen konnte eine zur Zeit der Messung vor sich gehende Überschiebungsbewegung der südöstlichen Hangendschollen auf den nordwestlichen Liegendschollen erschlossen werden. Die Streichrichtung der Überschiebungsklüfte *A* und *B*, an denen das wahrgenommen wurde, lief parallel zur *s'*-Richtung N 75° E; vgl. Abb. 10 nach *Quiring* (1924 a, S. 141, Fig. 1). Der an diesen Überschiebungsklüften verworfene Hauptgang, der „Mittagsgang", streicht in *d*-Richtung N 25° E.

*

Sowohl die Orientierung des Bruchschemas im Gebiet der Scholle von Münster und deren Umgebung, gemäß *z* = N 65° W, als auch die Orientierung des Bruchschemas im Bodenseegebiet, gemäß *z* = N 85° W, werden gefestigt durch die von *Quiring* (1928) entworfene Kartenskizze der quartären Hebung und Senkung Westdeutschlands im Maßstab 1:2000000.

Im Bodenseegebiet streichen die Linien gleicher Hebung in auffälliger Weise parallel zur *s'*-Richtung N 55° E, z. B. die +100 m-Isobasen des Donaugrabens und seiner Verlängerung nach Südwesten, sowie die +300 m-Isobasen westlich und östlich des Bodensees, während die Grenzen des den Bodensee verursachenden Senkungsgebietes angenähert der *s*-Richtung N 45° W folgen.

Im Norden und Nordwesten der Scholle von Münster kommen in *Quirings* (1928) Kartenskizze die *z*-Richtung N 65° W und die *d*-Richtung N 25° E zum Ausdruck durch die +100-m-Isobasen bzw. die —100-m-Isobasen beiderseits der Osningschwelle und das langgestreckte Hebungsgebiet (*d*) sowie das langgestreckte Senkungsgebiet (*z*) 50 km westlich von Münster. Als westliche Begrenzung der Scholle von Münster bzw. als vorherrschende Richtung in der Niederrheinischen Zerrungszone tritt die *s*-Richtung N 25° W hervor in den +100-m-, —100-m- und —200-m-Isobasen sowie in Sprüngen, an denen im Quartär Verwerfungen stattgefunden haben.

Auch die von *Menzi* (1918, Tafel 9) gebrachte Moorkarte von Mitteleuropa im Maßstab 1:2500000 bestätigt die für das Bodenseegebiet bzw. die Scholle von Münster vorgenommene Orientierung des Bruchschemas durch zahlreiche den typischen Richtungen folgende Moorstreifen im Gebiete nordöstlich des Bodensees und im Gebiete nördlich der Scholle von Münster.

Als Grund dafür, daß im westfälischen Steinkohlengebiet die Zuordnung von gerichteten Strukturen zu den typischen Richtungen des Bruchschemas nicht so augenfällig ist wie in anderen Gebieten, vor allem den Gebieten der geologischen Schilde, mag in Betracht kommen, daß dieses Gebiet, ehe es Bruchschollengebirge wurde, ein typisches Faltengebirge (varistische Orogenese) war; vgl. *Quiring* (1919 bzw. 1919 a). An anderer Stelle, bei eingehender Betrachtung der Bruchstruktur von Mitteleuropa und der Bruchstruktur von Vorderindien werde ich zeigen, daß selbst in jungen Faltengebirgen (alpidische Orogenese) das Richtungsschema gemäß Abb. 3 zum Ausdruck kommt, und zwar in den Alpen entsprechend $z =$ N 80° W und im Himalaja entsprechend $z =$ N 45° W.

Die Frage, ob die z-Richtung zwischen dem Bodenseegebiet und der Scholle von Münster allmählich schwenkt oder ob Unstetigkeiten vorhanden sind, ähnlich wie zwischen Vorder- und Hinterindien, wo beiderseits des Golfes von Bengalen die z-Richtung um 33° umspringt (siehe Zahlenwerte auf S. 28), soll zunächst unerörtert bleiben.

242 Südskandinavien

Für Südskandinavien hingegen läßt sich aus den im folgenden beschriebenen strukturellen Befunden mit einiger Wahrscheinlichkeit der Schluß ziehen, daß das Richtungsschema gemäß Abb. 3 für alle betrachteten Teilgebiete Südskandinaviens gilt, ohne daß an den Grenzen der Teilgebiete die typischen Richtungen der Teilgebiete voneinander abweichen. In Anbetracht der hohen geographischen Breite (55°…60° N) von Südskandinavien zeigt sich dabei die bereits erwähnte Abhängigkeit der Orientierung des Bruchschemas von der geographischen Länge.

Kristianiafjord

Die Überprüfung der als Beispiel der inneren Tektonik einer großen normalen Verwerfung von *Cloos* (1928/29, Tafel 5) im Maßstab 1:1000 topographisch und tektonisch aufgenommenen und im Maßstab 1:1500 veröffentlichten Kartenskizze der Inselgruppe von Ildjernet und der benachbarten Nesoddenküste im Kristianiafjord mit dem „Bruchschema" (Tafel 1) ergibt als wahrscheinliche Orientierungsrichtung des Bruchschemas $z =$ magn. N 64° W bzw. $z =$ N 74° W, entsprechend einer nach *Haußmann* (1922) geschätzten Mißweisung von 10° W. Im Kartenbild treten namentlich die d-, die s- und die z-Richtung hervor. Auch die Skizze der Seitenverschiebung am Grönsund und Hestesund im Kristianiafjord im Maßstab 1:2850 nach *Cloos* (1928/29, S. 298, Fig. 13) spricht für die Orientierung $z =$ N 74° W des Bruchschemas. Beiderseits des Hestesundes streicht ein feinpunktiert gekennzeichneter Gang in s'-Richtung. Das grundsätzlich bestehende Richtungsschema nach Abb. 3 ist auch hier durch abweichend gerichtete Klüfte verschleiert.

In einer Karte des inneren Endes des Kristianiafjordes im Maßstab 1:104000 von *Nansen* (1922, S. 109, Fig. 102) sind die niedriger als 30 m über dem Meeresspiegel liegenden Strandebenen hervorgehoben. Als Streichrichtungen dieser Ebenen bzw. langgestreckter Inseln treten namentlich die der mittleren z-Richtung N 77° W dieser Karte entsprechende s'-Richtung N 63° E und s-Richtung N 37° W hervor.

Ostrand des Kattegats

Eine Kartenskizze von *Lindekrantz* (1944, S. 766, Fig. 1) eines Teiles der Südwestküste von Schweden im Maßstab 1:625000 zeigt den Verlauf von submarinen Erdmoränen, die namentlich der s- und weniger häufig der z- und der d-Richtung folgen, gemäß der z-Richtung N 70° W. Das gleiche gilt für den im Maßstab 1:132000 gezeichneten Nordteil der vorgenannten Skizze von *Lindekrantz* (1944, S. 770, Fig. 2). Hier sind auch vorwiegend der s-Richtung parallellaufende Moränenwälle des Festlandes eingetragen. Zahlreiche Abschnitte von Küsten- und Seetiefenlinien beider Kartenskizzen lassen sich dem entsprechend z = N 70° W orientierten Bruchschema zuordnen.

Bornholm

Aus den von *v. Bubnoff* (1938, Abb. 50a u. 50b; 1942, Tafel 10) gebrachten Strukturskizzen der Insel Bornholm im Maßstab 1:56000 bzw. 1:100000 ergibt sich mit Hilfe des Bruchschemas die Richtung N 67° W als wahrscheinliche z-Richtung. Die Zahl der in diesen Skizzen abweichend zu den typischen Richtungen verlaufenden Streichrichtungen von Klüften ist zwar nicht gering, jedoch, verglichen mit der Zahl der gut zuordbaren Streichrichtungen, nicht übermäßig groß. Bei der d-Richtung scheinen ohnehin, wie auch aus anderen Beispielen hervorgeht, ganz allgemein stärkere Streuungen aufzutreten; vgl. z. B. Abb. 8, Abb. 11 Mitte (Pegmatite) und Abb. 13.

Die von *v. Bubnoff* (1942) veröffentlichten Kluftdiagramme aus rund 2000 Messungen bestätigen gleichfalls die Orientierung des Bruchschemas, entsprechend z = N 67° W. In Abb. 11 sind als Beispiele 3 Lagenkugel-Kluftdiagramme *v. Bubnoffs* (1942, S. 280/81, Abb. 1 u. 3; S. 289, Abb. 9) übernommen, und zwar links das des zentralen Teils des Hauptgranits aus 757 Klüften, in der Mitte das des Ostteils des Hauptgranits mit Berücksichtigung von Pegmatitgängen durch Einzelpunkte, und rechts das des Rönnegranits aus 187 Klüften. Diese Diagramme zeigen die untere Hälfte der sogenannten Lagenkugel mit Flächen verschiedener Häufigkeit der Durchstichpunkte von Kluft- bzw. Gangnormalen; vgl. *Rüger* (1928 u. 1927) und *Fischer* (1930). Eine schnelle Überprüfung von Lagenkugeldiagrammen im Sinne der vorliegenden Arbeit kann mit dem „Bruchschema" (Tafel 1) vorgenommen werden. Dabei wird ein Schnittpunkt einer z-, s-, s'- und d-Linie mit dem Mittelpunkt des zu untersuchenden Diagramms zur Deckung gebracht, derart, daß die d-Richtung des „Bruchschemas" mit der vermuteten z-Richtung im Diagramm zusammenfällt; denn das System der Kluftnormalen verläuft um 90° gedreht zum System der Klüfte. Wenn dann die Häufungsstellen von Durchstichpunkten im Diagramm auf den vier durch den Diagrammittelpunkt gehenden typischen Linien liegen, so besteht eine gute Zuordbarkeit zwischen den Kluftstreich-

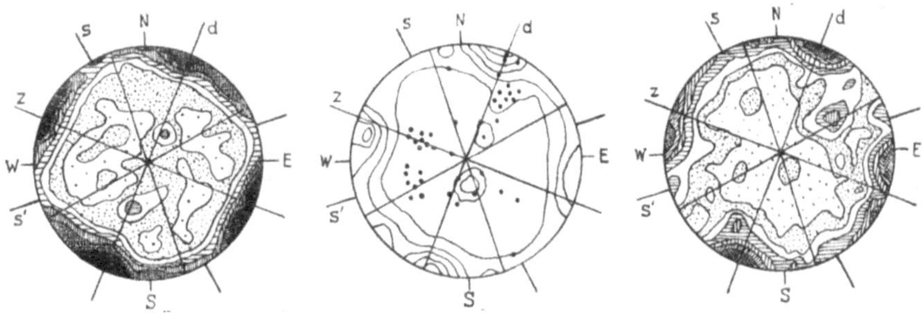

Abb. 11. Von *v. Bubnoff* (1942) stammende, die Insel Bornholm betreffende Kluftdiagramme, außen umrandet von den vier typischen Richtungen des entsprechend $z =$ N 67° W orientierten Richtungsschemas, innen überdeckt vom gleichen, jedoch um 90° gedrehten Richtungsschema.

richtungen des Diagramms und den vier typischen Richtungen, gemäß der gewählten z-Richtung. Die 3 Diagramme von Abb. 11 zeigen deutlich, daß für die z-Richtung N 67° W Häufungsstellen von Durchstichpunkten von Kluft- bzw. Gangnormalen auf den vier um 90° gedrehten typischen Richtungen liegen.

Umgebung von Stockholm

Abb. 12 ist die Umzeichnung einer von *Laurell* u. *Hedenstierna* (1938, S. 137, Fig. 3) im Maßstab 1:111000 gebrachten Kartenskizze der wichtigsten Verwerfungen in der Umgebung von Stockholm. Das Richtungsschema nach Abb. 3 ist gemäß $z =$ N 65° W eingezeichnet. Entsprechend dieser Orientierung des Richtungsschemas in Abb. 12 ist unterschieden worden zwischen den schwarz punktiert gekennzeichneten Verwerfungen, die angenähert parallel laufen zu den typischen Richtungen, und den weiß punktiert gekennzeichneten Verwerfungen, die abweichend gerichtet sind. Die Gesamtlänge der den typischen Richtungen zuordbaren Verwerfungen verhält sich zur Gesamtlänge der nicht zuordbaren Verwerfungen wie 3:1. Die Wahrscheinlichkeit für die in Abb. 12 angenommene Orientierung des Richtungsschemas nach Abb. 3 wird wesentlich erhöht durch die große Anzahl der möglichen Zuordnungen zu den typischen Richtungen in der von *Laurell* u. *Hedenstierna* (1938, S. 322, pl. 1) stammenden Höhenschichtlinienkarte mit 5-m-Stufen des gleichen Gebietes im Maßstab 1:50000. Es würde hier zu weit führen, alle diese Zuordnungen von Höhenschichtlinien bzw. Küstenlinien und den typischen Richtungen einzeln anzuführen.

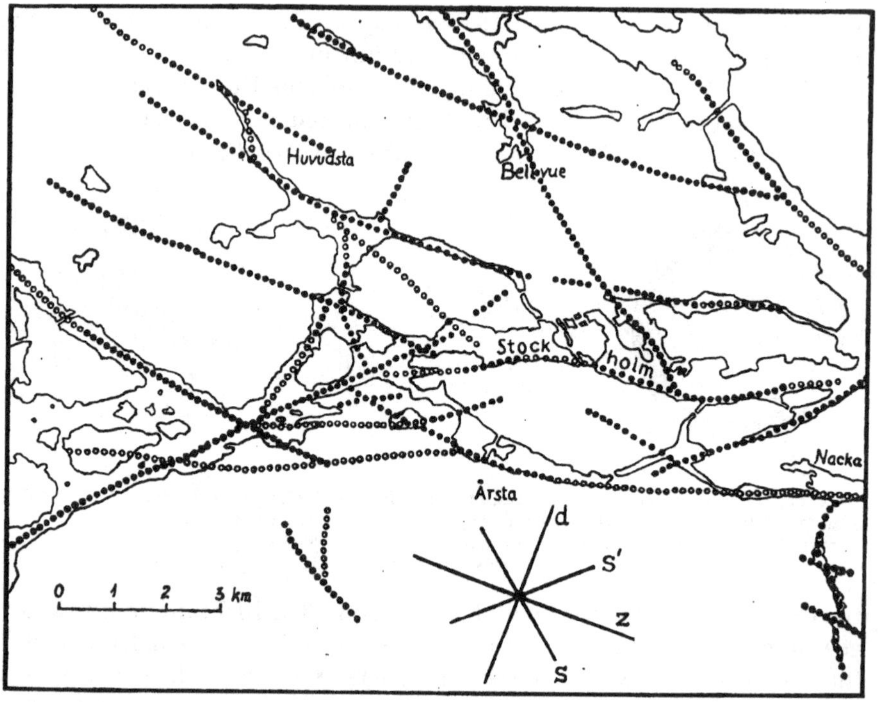

Abb. 12. 75 % der von *Laurell/Hedenstierna* (1938) in der Umgegend von Stockholm angegebenen Verwerfungen lassen sich für $z = \text{N } 65^\circ \text{ W}$ dem Richtungsschema nach Abb. 3 zuordnen.

Gotland, Öland und Kalmargebiet

Auf 5500 Kluftmessungen an 110 Aufschlüssen beruhende Kluftdiagramme und Kluftsterne von *Kaufmann* (1931) für das Gebiet von Gotland, Öland und Kalmar geben allerdings zu Bedenken Anlaß. Wenn die Kluftstruktur dieses Gebietes die gleiche wäre wie die der besprochenen Gebiete Südskandinaviens, so würde die Orientierung des Bruchschemas etwa gemäß $z = \text{N } 66^\circ \text{ W}$ vorzunehmen sein. Die Längsrichtung der Insel Öland würde zwar gut der *d*-Richtung des so orientierten Bruchschemas entsprechen, auch die zugehörige *s*-Richtung N 26° W würde zur Not noch durch *Kaufmanns* (1931, S. 295/96, Abb. 3/4) Kluftrichtungsstern für das Kambrosilur von Öland und das Kalmargebiet sowie die *s'*-Richtung N 74° E durch *Kaufmanns* (1931, S. 295, 297, Abb. 2, 5) Kluftrichtungsstern für Gotland zu stützen sein, aber die Hauptrichtungen N 57° E und N 37° E der Kluftsterne von *Kaufmann* entsprechen keiner typischen Richtung.

Trotz der vorgebrachten Bedenken ist meine Zuversicht sehr groß, daß bei einer so ausführlichen (oder noch ausführlicheren) Untersuchung der Struktur von Skandinavien wie (als) meine unten folgende von Grönland die von mir vorgeschlagenen typischen Richtungen für Südskandinavien sich bestätigen werden. Hierin bestärken mich die Ausführungen und zwei Kartenskizzen Südskandinaviens im Maßstab 1:2700000 von *Ahlmann* (1920, S. 134/35, Fig. 1 u. 2). Nach diesen Skizzen ergeben sich mit dem Bruchschema (Tafel 1) als vorherrschende Richtungen gemäß $z = \text{N } 65° \text{ W}$: östlich des Vätternsees die z-Richtung, westlich des Vätternsees die d-Richtung, für die Halbinsel Schonen die s'- und die z-Richtung. In *Ahlmanns* (1920, S. 134, Fig. 1) geographischer Skizze von Südschweden fällt die relative Häufigkeit von Höhenschichtlinein parallel zur $z = \text{N } 65° \text{ W}$ entsprechenden s- und s'-Richtung auf. Siehe auch Nachtrag vom Jahre 1949 auf Seite 97.

243 Südsumatra

Benkoelen

Abb. 13 zeigt die von *Rutten* (1927, S. 332, Fig. 176) gebrachte, von *P. Hövig* aus dem Jahre 1914 stammende Kartenskizze im Maßstab

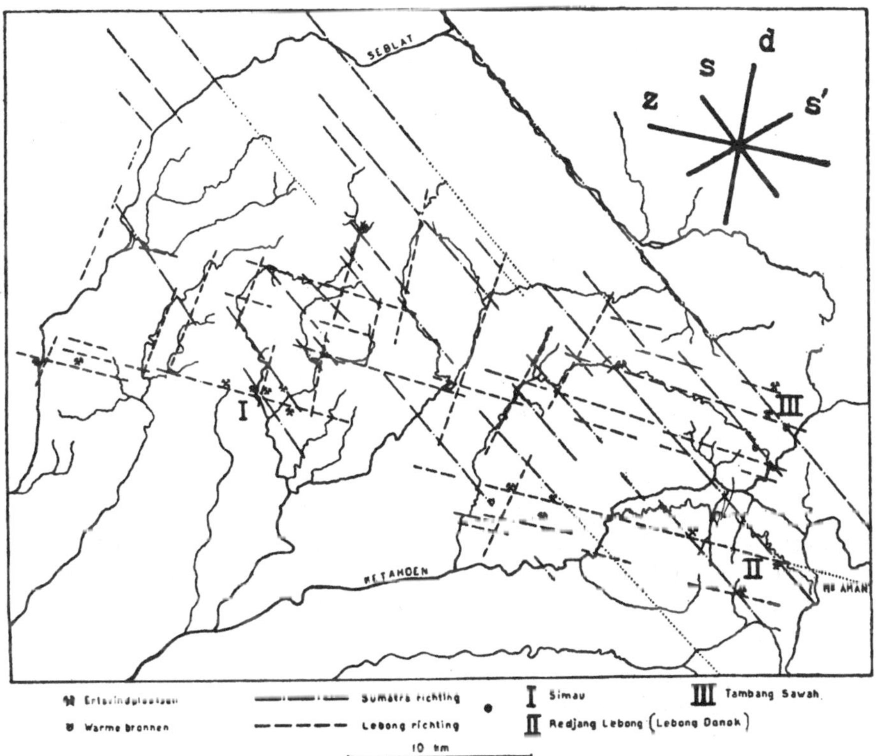

Abb. 13. Bruchlinien im Gebiet von Moeara Aman in Benkoelen, Südsumatra, nach *Hövig* (1914) und ihre Zuordnung zur z-, s- und d-Richtung des Bruchschemas für $z = \text{N } 80° \text{ W}$.

1:385000 des Gebietes von Moera Aman, Südsumatra, mit eingezeichneten Bruchlinien. Die Brüche, die die Entstehung von Gold- und Silbererzgängen veranlaßten, werden von *Hövig* drei bestimmten Bruchrichtungen zugeordnet, die um die gleichen Winkel voneinander abweichen, wie es das „Bruchschema" vorschreibt. Als *z*-Richtung ergibt sich in diesem Falle: $z = N\ 80°\ W$. Von den insgesamt 70 von *Hövig* angegebenen Gängen folgen 27 mit einer Gesamtlänge von 135 km der *z*-Richtung bei Abweichungen, die, rechts gedreht, 5° kaum überschreiten. Von diesen 135 km kennzeichnet *Hövig* selbst 5 km als mutmaßlich. 29 Gänge mit einer Gesamtlänge von 220 km laufen parallel zur *s*-Richtung N 40° W bei Abweichungen, die 5°, links gedreht, kaum überschreiten. Von diesen 220 km kennzeichnet *Hövig* selbst 30 km als mutmaßlich. 9 der restlichen 14 Gänge mit einer Gesamtlänge von 45 km folgen der *d*-Richtung N 10° E mit Abweichungen, die 5°, rechts gedreht, kaum überschreiten. Die übrigbleibenden 5 Gänge weichen bei einer Gesamtlänge von 25 km um 10···17°, rechts gedreht, von der *d*-Richtung ab. Die der *z*- und der *d*-Richtung entsprechenden Richtungen nennt *Hövig* Lebongrichtungen. Die der *s*-Richtung entsprechende Richtung nennt *Hövig* Sumatrarichtung. Die vierte der typischen Richtungen, die *s'*-Richtung N 60° E, taucht in *Hövigs* Kartenskizze zwar nicht als Gangrichtung, jedoch als Richtung von Flußlaufabschnitten, namentlich beim Seblat und seinen Zuflüssen auf.

244 Südwestaustralien

Wedderburn-Goldfeld, Victoria

Eine auffällig gute Zuordnung der typischen Richtungen des „Bruchschemas" zu den Grenzen von geologischen Formationen läßt sich auf der von *Whitelaw* (1911) im Maßstab 1:31660 gebrachten geologischen Karte des Wedderburn-Goldfeldes in Victoria vornehmen. Die Goldgräberstadt Wedderburn liegt etwa 80 km nordwestlich von Bendigo in ungefähr 143°23' östl. Länge und 36°26' südl. Breite. *Whitelaws* Karte ist vereinfacht und verkleinert in Tafel 2 wiedergegeben. Das gemäß $z = N\ 22°\ W$ eingezeichnete Richtungsschema nach Abb. 3 erleichtert die entsprechende Orientierung des Bruchschemas (Tafel 1). Die Grenze zwischen Granit, Ordovizium und Pliozän einerseits und Alluvium andererseits stellen zugleich topographische Grenzen zwischen Höhenrücken und Talsenken dar. Im östlichen Teil der Karte laufen die Grenzen zwischen Granit und Alluvium zweifelsfrei vorwiegend parallel zu den vier typischen Richtungen, und zwar nicht nur längs der mehr als 3 km langen Haupttalmulden, sondern auch längs zahlreicher schmaler geradliniger Taleinschnitte im Granit. Besonders in *z*-Richtung N 22° W und in *s*-Richtung N 18° E erstrecken sich lange derartige geradlinige Grenzen. Die Identifizierung der Richtungen von mit Alluvium erfüllten Talsenken mit den typischen Richtungen gelingt im Ordoviziumgebiet der Karte, also im westlichen Teil der Karte, infolge abweichend gerichteter, zum Teil goldhaltiger Adern (reefs) und mit Erstarrungsgestein erfüllter Gänge (dykes), für deren Entstehung zusätzliche Störkräfte angenommen werden müssen, zwar weniger gut, aber doch noch hinreichend überzeugend. Vor allem laufen die breiten und langen, also offenbar sehr alten Talmulden des nordnordwestlichen Zweiges des Korong Creek und des südlichen Zweiges des Korong Creek je 3 km vor ihrer Vereinigung in *z*-Richtung N 22° W bzw. in *s*-Richtung N 18° E. Noch deutlicher tritt die *s*-Richtung in der Westgrenze des Unterpliozäns auf dem Ostufer des südlichen Zweiges des Korong Creek in Erscheinung. Von den kleineren Taleinschnitten (gullies) im Ordovizium lassen sich zwar zahlreiche den typischen Richtungen gut zuordnen. Aber die erwähnten Störkräfte haben auch abweichende Richtungen entstehen lassen. Wenn diese abweichenden Richtungen nicht vorhanden wären, so wäre an Hand des Kartenbildes von Tafel 2 das Richtungsschema gemäß Abb. 3 sicherlich früher erkannt worden. Diesem Schema sich gut angleichende Formationsgrenzen treten beispielsweise auf bei der in *s*-Richtung streichenden Talmulde Sailors Gully in der Nordwestecke der Karte und weiter östlich davon bei der in *d*- bzw. *s*-Richtung streichenden Talmulde Devils Gully. Von dem Devils Gully ausgehende Seitentaleinschnitte folgen der *s*-, *z*- bzw. *d*-Richtung. Im Gebiet des Oberpliozäns liegen die Verhältnisse ähnlich wie im Gebiet des Ordoviziums. Die dieses Gebiet durchquerende breite, also vermutlich sehr alte Talmulde des Ryans Creek läßt sich gut der *z*-Richtung zuordnen. Daß die Richtung der Eisenbahn auf lange Strecken parallel zu typischen Richtungen (*z s*) läuft, ist kein Zufall, sondern gerade durch die beschriebenen topographischen Verhältnisse bedingt. Im Granitgebiet des Ostteils der Karte sind kaum abweichende Gangrichtungen vorhanden. Von 13 eingezeichneten Gängen lassen sich 10 gut den typischen Richtungen zuordnen. Alles in allem muß eine tektonische, vorwiegend durch Brüche bedingte Entstehung der Formationsgrenzen im Gebiet des Wedderburn-Goldfeldes als sehr wahrscheinlich betrachtet werden.

245 Nordchile

Gebiet zwischen Rio Maipo und Rio Petorca

Es folgt nun ein weiteres eindrucksvolles Beispiel für die Abhängigkeit des Verlaufs von Höhenschichtlinien von dem Richtungsschema nach Abb. 3 bzw. in gewissem Sinne ein Beweis für die vorwiegend tektonische Entstehung des Erdreliefs. *Daubrée* (1880, S. 281) scheint ähnliche Überlegungen in Betracht gezogen zu haben, wie aus seiner folgenden Äußerung hervorgeht: „*Die geologische Karte von Belgien im Maassstabe 1:20000 drückt in ihren Höhencoten die Anordnung in rechtwinkligen Knicken, z. B. auf dem Blatte Hastière, sehr vollkommen aus.*" Übrigens sind die drei in Abb. 4 bis Abb. 6 beschriebenen Zuordnungen von Gewässernetzen zu den typischen Richtungen des Bruchschemas, im Grunde genommen, auch Zuordnungen von Höhenschichtlinien; denn Wasserläufe können angenähert als Höhenschichtlinien betrachtet werden. Dank des derzeitigen hohen Standes der flugphotogrammetrischen Kartenaufnahme kann heute eine Überprüfung des Erdreliefs mit Bezug auf das Auftreten von vorherrschenden Richtungen

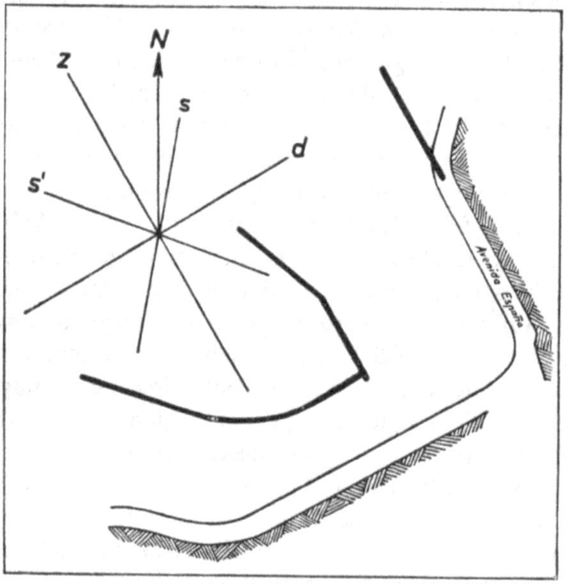

Abb. 14. Vergleich der Streichrichtungen von an der Bucht von Baron in Valparaiso nach *Brüggen* (1934) durch radioaktive Untersuchungen erschlossenen Verwerfungen mit den typischen Richtungen des Bruchschemas, entsprechend $z = \mathrm{N}\ 31°\ \mathrm{W}$.

viel einwandfreier erfolgen als zu *Daubrées* Zeit; vgl. *Troll* (1939). Die von *Weber* (1938) beschriebene, vom Flugzeug aus photogrammetrisch aufgenommene topographische Karte des Maipo-Petorca-Raumes in Chile im Maßstab 1:300000 ist sehr geeignet für diesen Zweck. In Tafel 3a ist diese Karte verkleinert wiedergegeben. Das in Tafel 3b dargestellte zugehörige Schwächeliniennetz wurde in der Weise aus der von *Weber* erläuterten Karte erhalten, daß zunächst mittels des „Bruchschemas" die typischen Richtungen in der oben beschriebenen Weise festgestellt wurden und dann die Teile der Höhenlinien, die zu ihnen parallel liefen, auf über die Karte gelegtem Pauspapier nachgezogen wurden. Als typische Richtungen ergaben sich in diesem Falle: $z = \mathrm{N}\ 31°\ \mathrm{W}$, $s = \mathrm{N}\ 9°\ \mathrm{E}$, $s' = \mathrm{N}\ 71°\ \mathrm{W}$ und $d = \mathrm{N}\ 59°\ \mathrm{E}$. Sehr überzeugend wirken vor allem die gute Zuordnung der im Grundriß zackig modellierten schroffen Abstürze der Anden, die dem Bruchschema sich gut angleichenden Flußlaufabschnitte und das allgemeine Streichen der chilenischen Küste in *s*-Richtung N 9° E.

Valparaiso liegt an einer für die chilenische Küste typischen Buchten (vgl. Tafel 3), von denen *Weber* (1938, S. 258) schreibt: „*Eigenartig ist, daß diese Buchten fast durchweg nach N geöffnet sind, daß sich ihnen also südwärts eine Halbinsel anschließt.*" Die Entstehung dieser Buchten, von denen *Brüggen* (1934, S. 61···62, Fig. 15; S. 156, Fig. 43) als typische Beispiele die Buchten von Arauco, Talcahuano und Dichato nördlich und südlich von Conception (37° S) sowie die Mündung des Valdiviaflusses (40° S) angibt, führe ich auf das Vorhandensein von Zerrungsspalten zurück, die parallel zur *z*-Richtung N 27···33° W verlaufen. Tafel 3 zeigt außer der Bucht, an der Valparaiso und Villa del Mar liegen, eine ganze Reihe von nach NW offenen Buchten.

Eine von *Brüggen* (1934, S. 152···153, Fig. 41) vorgeschlagene, von der Firma Piepmeyer, Kassel, ausgeführte radioaktive Untersuchung an der Bucht von Baron in Valparaiso erbrachte den Nachweis von Verwerfungen mit den sich gut in das Schwächeliniennetz von Tafel 3 einordnenden Streichrichtungen N 30° W (zweimal *z*), N 70° W (*s'*) und N 60° E (*d*) bei nur einer abweichenden Streichrichtung N 50° W; vgl. mit Skizze Abb. 14, die leider ohne Maßstab gebracht werden muß, weil er in *Brüggens* Skizze fehlt. Beachtenswert ist der parallele Verlauf der Avenida España bzw. der sie begleitenden Steilhänge zu den vier typischen Richtungen.

246 Südpalästina

Umgebung von Petra, 35° *13'* E, 30° *16'* N

Typische Richtungen sind:

$$z = \text{N } 35°\text{ W}, \quad s = \text{N } 5°\text{ E}, \quad s' = \text{N } 75°\text{ W}, \quad d = \text{N } 55°\text{ E}.$$

Als letztes Beispiel folgen eine Kartenskizze und ein Fliegerbild für ein und dasselbe Gebiet, nämlich die Umgebung von Petra in Südpalästina. Aus dem Vergleich der beiden Pläne geht die außerordentliche Überlegenheit des Fliegerbildes für den vorliegenden Zweck, den Nachweis der Abhängigkeit des Erdreliefs vom Richtungsschema nach Abb. 3, schlagend hervor, wenngleich die mit Höhenlinien versehene Kartenskizze auch für sich allein zum Nachweis dieser Abhängigkeit ausreicht. Diese trotz ihres reichen Inhalts geomorphologisch unbeachtet gebliebene Kartenskizze ist die dem ersten Band der Beschreibung der Felsheiligtümer von Petra durch *Dalman* (1908/12) beigegebene Lagenskizze im Maßstab 1:20000. Sie

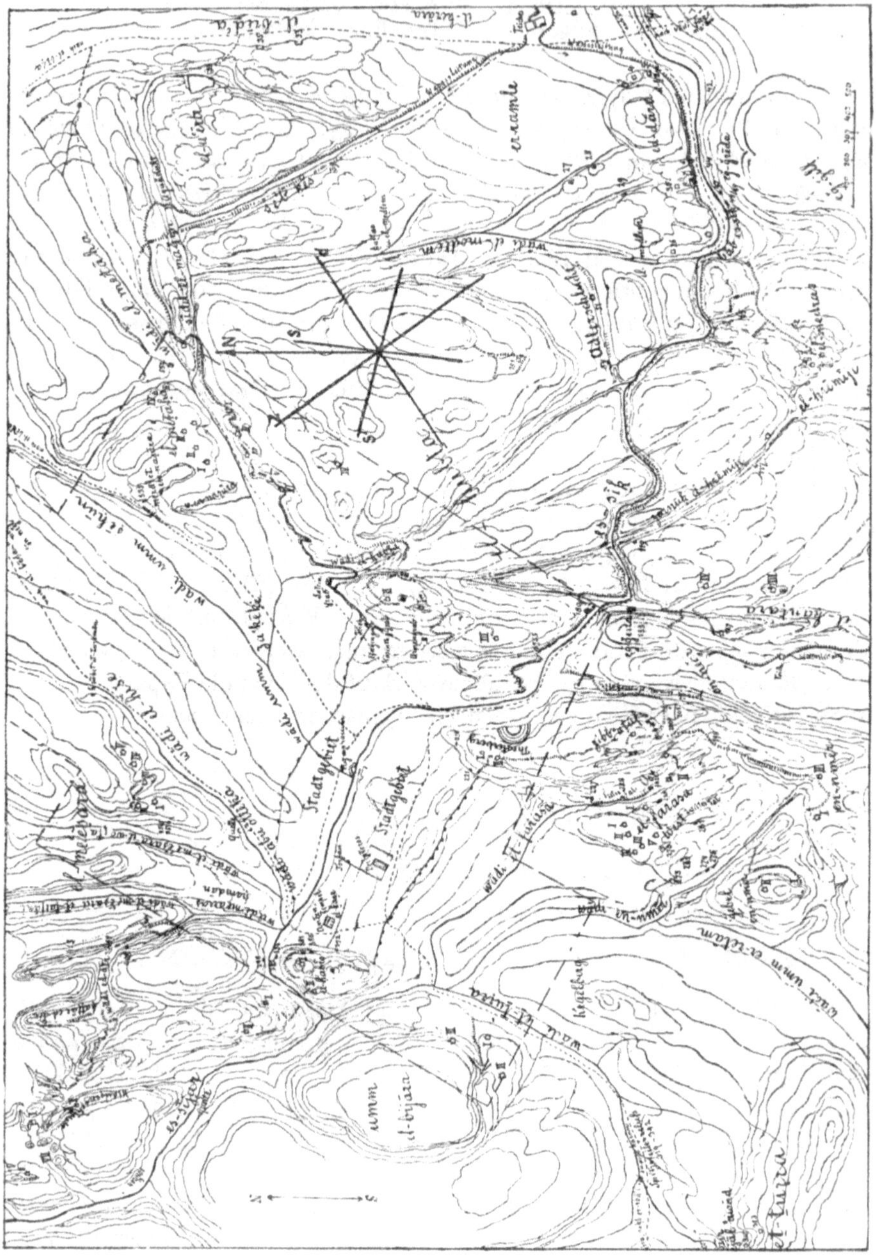

Abb. 15. Kartenskizze der Umgebung von Petra in Südpalästina im Maßstab 1 : 32000 nach *Dalman* (1908/12) mit Kennzeichnung des Bereiches des in Tafel 4 dargestellten Fliegerbildmosaiks und mit eingezeichnetem Schema der typischen Richtungen, gemäß z = N 35° W.

Petra

nach Kennedy (1934), umrandet vom Netz des entsprechend z=N35°W orientierten Bruchschemas Palästinas

ist in Abb. 15 verkleinert wiedergegeben und mit dem entsprechend $z = \text{N } 35° \text{ W}$ orientierten Richtungsstern der typischen Richtungen des „Bruchschemas" versehen. Durch eine gestrichelte Linie ist in Abb. 15 zum Vergleich ferner angegeben, welchen Bereich das in Tafel 4 verkleinert dargestellte, von *Kennedy* (1924) im ungefähren Maßstabe 1:8500 veröffentlichte Fliegerbildmosaik nach Aufnahmen der Royal Air Force vom Jahre 1923 unter Leitung von Maj. Gen. H. H. Tudor einnimmt. In Tafel 4 sind gleichfalls zwei, gemäß $z = \text{N } 35° \text{ W}$, orientierte Richtungssterne der geltenden typischen Richtungen eingezeichnet, so daß ohne weiteres das „Bruchschema" in richtiger Lage aufgelegt werden kann. An Hand des Fliegerbildmosaiks, Tafel 4, ergeben sich so unangreifbare Belege für die Abhängigkeit des Erdreliefs von dem Richtungsschema nach Abb. 3, daß von einem zwingenden Beweise dieser Abhängigkeit gesprochen werden kann, obwohl auch in diesem Falle abweichende Richtungen an einigen Stellen nicht zu bestreiten sind. Solche abweichenden Richtungen treten auf in der Südwestecke des Fliegerbildmosaiks am Südhang der Erhebung umm el-bijāra und in der Ostecke des Fliegerbildmosaiks am Nordhang des el-ḫubṯa-Massivs. Hingegen fällt in der Südostecke des Mosaiks ohne weiteres die zur *z*- und *s*-Richtung parallele Struktur des el-ḫubṯa-Massivs zwischen dem Eingang zur Schlucht es-sīḳ und dem wādī el-ḫubṯa ins Auge (die im Fliegerbildmosaik fehlenden Namen können leicht durch Vergleich mit Abb. 15 festgestellt werden). Weitere Beispiele guter Zuordnung zu den typischen Richtungen des „Bruchschemas" sind das wādi es-sījar (*s s' d*) im Stadtgebiet, der Nordwesthang des el-ḫubṯa-Massivs (*d*) bzw. das wādi el-meṭāḥa (*d*), das wādi um zaᶜkēḳi (*s' d s s' d s d*), das wādi el-hiše (*s d s*) in der Nordecke des Mosaiks, die westlichen Seitenschluchten (*z*) des wādi el-hiše, das wādi el-meᶜēsara el-wasṭa (*s*) und seine westlichen Seitenschluchten (*z*).

25 Die Orientierung des Bruchschemas in den einzelnen Erdteilen

Aus den beschriebenen Beispielen und zahlreichen weiteren Zuordnungen von Strukturelementen der Erdrinde zum Richtungsschema von Abb. 3 ergibt sich die folgende Übersicht der Lage der *z*-Richtung des „Bruchschemas" in den verschiedenen Gebieten der einzelnen Erdteile. Dabei wird durch Fettdruck der *z*-Richtung gekennzeichnet, daß sie als ziemlich gesichert zu betrachten ist, während die nicht hervorgehobenen *z*-Richtungen einer mehr oder weniger vorläufigen Orientierung entsprechen. Die eingestreuten Zitate stellen nur einen sehr geringen Teil des verwendeten Schrifttums dar.

251 Europa

Südwestdeutschland	z = **N 85° W**	für	9° E	48° N
Nordwestdeutschland	z = **N 65° W**	,,	7° E	51° N
Belgien (*Stevens* 1940/41, 1942)	z = N 70° W	,,	5° E	50° N
Frankreich, Zentralmassiv	z = E-W	,,	2° E	46° N
Britische Inseln (*Hobbs* 1907)	z = N 80° W	,,	4° W	56° N
Portugal (*Freire de Andrade* 1942, *Quiring* 1936)	z = **N 54° E**	,,	9° W	39° N
Spanien (*Gavala* 1929, *Alboran* 1898)	z = **N 56° E**	,,	5° W	37° N
Mittel-Italien (*Heise* 1934)	z = N 74° W	,,	11° E	43° N
Istrien	z = N 60° W	,,	18° E	44° N
Griechenland	z = N 50° W	,,	24° E	38° N
Rumänien (*Atanasiu* 1941)	z = N 57° W	,,	26° E	43° N
Rußland, Ukraine (*Hauser* 1944)	z = N 50° W	,,	35° E	50° N
Rußland, Leningrad	z = N 53° W	,,	30° E	60° N
Polen	z = N 62° W	,,	20° E	53° N
Schweden	z = N 65° W	,,	15° E	60° N
Norwegen	z = N 55° W	,,	25° E	70° N
Spitzbergen (*Wright* 1939)	z = **N 13° W**	,,	20° E	80° N
Island	z = **N 50° W**	,,	20° W	65° N
Grönland	z = **E-W**	,,	60° W	80° N

252 Asien

Kleinasien (*Philippson* 1911/15)	z = **N 50° W**	für	30° E	40° N
Palästina (*Koeppel* 1930)	z = **N 35° W**	,,	35° E	32° N
Arabien (*v. Wißmann* 1942)	z = **N 30° W**	,,	55° E	20° N
Vorderindien (*Krebs* 1933a)	z = **N 47° W**	,,	76° E	13° N
Hinterindien	z = N 80° W	,,	105° E	15° N
Malaya (*Ahlburg* 1913)	z = **N 80° W**	,,	120° E	0° N
China (*Pumpelly* 1870)	z = N 60° E	,,	115° E	40° N

253 Afrika

Abessinien	z = N 25° W	für	40° E	10° S
Ostafrika	z = N-S	,,	35° E	5° S
Kongo-Kolonie (*Cahen* u. *Mortelmans* 1940/41)	z = N 20° E	,,	27° E	10° S
Madagaskar (*Lemoine* 1911)	z = **N 17° E**	,,	45° E	20° S
Südafrika	z = N 32° E	,,	30° E	30° S
Südwestafrika (*Bürg* 1942)	z = **N 50° E**	,,	15° E	20° S
Marokko (*Quiring* 1944)	z = N 50° E	,,	5° W	34° N

254 Südamerika

Trinidad (*Wilson* 1940)	z = **N 35° W**	für	62° W	10° N
Brasilien (*Maack* 1937)	z = **N 45° W**	,,	50° W	30° S
Chile, Westpatagonien	z = **N 29° W**	,,	75° W	50° S
Chile, Nordchile	z = **N 33° W**	,,	70° W	20° S

255 Nordamerika

Westindische Inseln	z = N 50° E	für	70° W	20° N
Mexiko (*Staub* 1925)	z = N 57° E	,,	100° W	20° N
USA, Colorado (*Dutton* 1882, *de Margerie* 1946)	z = **N 55° E**	,,	115° W	35° N
USA, California (*Shepard* u. *Emery* 1941)	z = N 50° E	,,	120° W	40° N
Kanada, Brit. Columbia (*Peacock* 1935)	z = N 35° E	,,	130° W	55° N
Kanada, NW Territories (*Kidd* u. *Haycock* 1935)	z = N 40° E	,,	118° W	66° N
Kanada, Labrador	z = E-W	,,	65° W	59° N
USA, Pennsylvanien, Ohio (*ver Steeg* 1944)	z = N 78° W	,,	80° W	40° N

256 Australien

Nordwestaustralien	$z =$ **N 12° W**	für 120° E	20° S
Südwestaustralien	$z =$ **N 10° W**	„ 120° W	30° S
Südaustralien (*Reinhardt* 1932)	$z =$ **N 20° W**	„ 140° E	30° S
Neusüdwales (*Harper* 1915)	$z =$ **N 24° W**	„ 150° E	30° S
Neuguinea	$z =$ **N 22° W**	„ 150° E	10° S
Halmahera, Molukken	$z =$ **N 17° W**	„ 130° E	0° S
Neuseeland	$z =$ N 30° W	„ 175° E	40° S

257 Antarktika

Neuschwabenland (*Gruber* 1942)	$z =$ N 60° *E*	für 10° E	72° S
Enderby-Land	$z =$ N 20° E	„ 50° E	68° S
Adelie-Land (*Stillwell* 1918)	$z =$ N 70° E	„ 140° E	67° S
Ross-Dependency	$z =$ E-W	„ 160° E	75° S

26 Deutungsmöglichkeiten der in Abschnitt 25 beschriebenen Orientierung des Bruchschemas in den einzelnen Erdteilen

Selbstverständlich lassen sich aus den voranstehend angegebenen Zahlenwerten für die z-Richtung in den verschiedenen Erdteilen die Entwicklung der Erde betreffende Rückschlüsse ziehen. Die genannten Zahlenwerte lassen sich geophysikalisch in Einklang bringen sowohl mit dem von *Vening Meinesz* (1943) vertretenen, durch eine Verschiebung der Erdpole verursachten einheitlichen Bruchnetz der Erde nach Abb. 16, als auch zum Beweise heranziehen für die Verschiebungstheorie von *Wegener* (1941), als auch im Sinne der von *Keindl* (1934) oder *Hilgenberg* (1933) vertretenen Hypothesen deuten, nach denen mit fortschreitender Zeit eine Volumenzunahme der Erde vor sich geht. Da die in Abschnitt 25 angegebenen, sich auf einen beträchtlichen Teil der heutigen Erdoberfläche beziehenden z-Richtungen längs eines Großkreises der Erde in dem Zustande verlaufen, den ich Schelfkugel nenne, und in dem der Erddurchmesser nur rund 60% des heutigen Wertes betrug, gewinnt auch die von *Quiring* (1921) in Betracht gezogene Retardationshypothese an Wahrscheinlichkeit. Nach dieser Hypothese fand gleichzeitig eine Verkürzung des Erddurchmessers in der Äquatorebene und eine Verlängerung des Erddurchmessers in Richtung der Erddrehachse statt.

Schon jetzt näher auf diese Möglichkeiten einzugehen, würde jedoch den Rahmen der vorliegenden Arbeit sprengen.

Vielmehr soll im folgenden Abschnitt an einem Beispiel, nämlich der Insel Grönland, gezeigt werden, in welcher Weise die im Abschnitt 25 angegebenen Zahlenwerte zur Orientierung der z-Richtung in den untersuchten Gebieten bestimmt wurden.

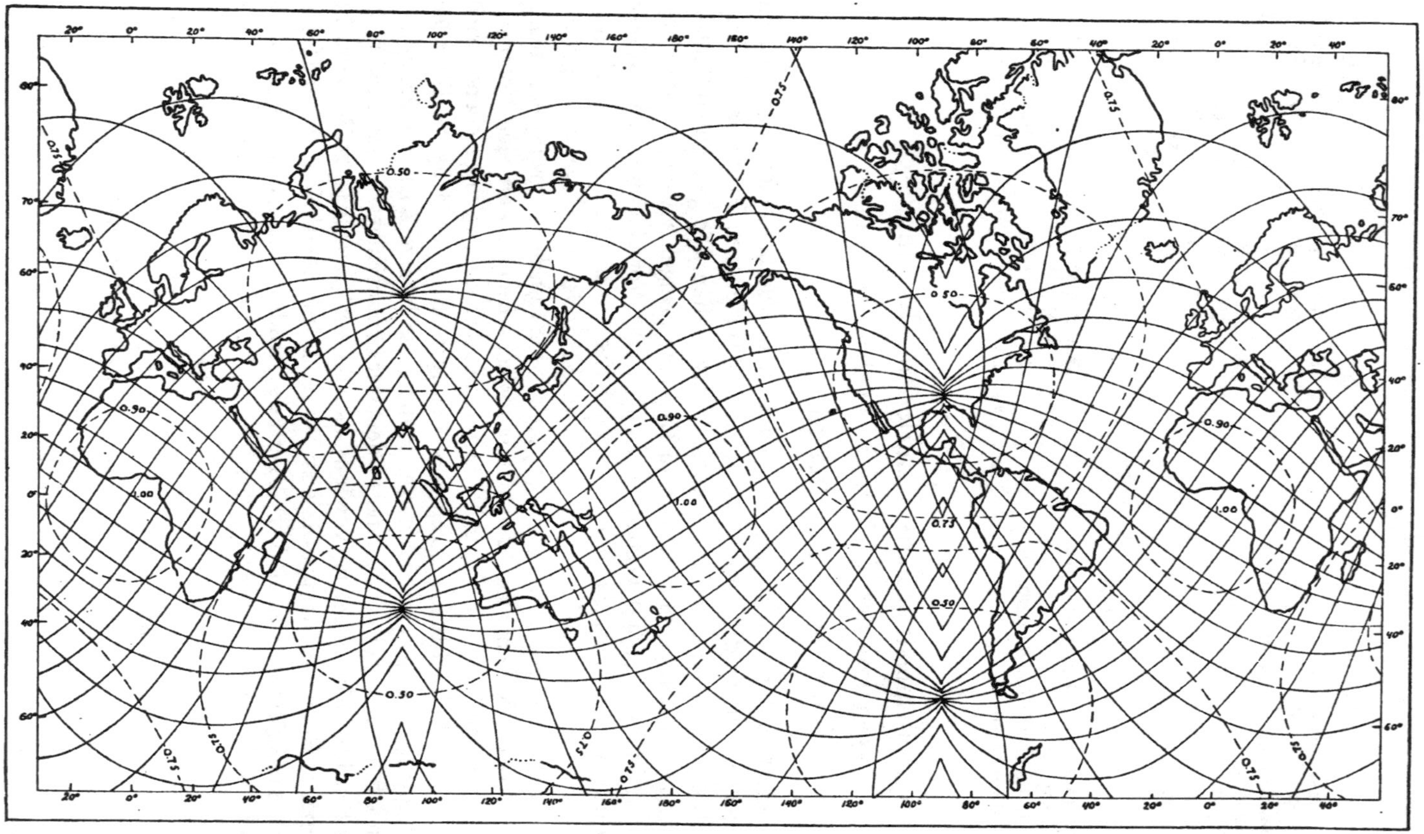

Abb. 16. Mercatorprojektion des Netzes der Bruchrichtungen bei einer Polverschiebung von 70° längs des Meridians 90° E nach *Vening Meinesz* (1943).

3 STATISTISCHER NACHWEIS DER DEM BRUCHSCHEMA ENTSPRECHENDEN STRUKTUR GRÖNLANDS

31 Versuch zur Orientierung des „Bruchschemas“ mit Hilfe des grönländischen Fjordsystems

Der erste Anhalt für eine Orientierung des Bruchschemas auf der Insel Grönland wurde in der Weise gewonnen, daß sich möglichst viele der zahlreichen, ziemlich geradlinigen langen Fjorde, die auf der Karte (1926) von Grönland im Maßstab 1:6900000 ohne weiteres ins Auge fallen, sich den typischen Richtungen des Bruchschemas zuordnen ließen. Es ergab sich die aus Zahlentafel 2 bzw. Abb. 17 ersichtliche Lage des Bruchschemas,

Geographische Länge westlich von Greenwich	Typische Richtungen			
	z	*s*	*s'*	*d*
70° W	N 80° E	N 60° W	N 40° E	N 10° W
60° W	E-W	N 50° W	N 50° E	N-S
50° W	N 80° W	N 40° W	N 60° E	N 10° E
40° W	N 70° W	N 30° W	N 70° E	N 20° E
30° W	N 60° W	N 20° W	N 80° E	N 30° E
20° W	N 50° W	N 10° W	E-W	N 40° E

Zahlentafel 2. *Typische Richtungen von Grönland in Abhängigkeit von der geographischen Länge*

bezogen auf das heutige Gradnetz der Erde. Die verwendete planpolare Projektion der Karte schaltet zwangläufig die Abhängigkeit der Orientierung des Bruchschemas von der geographischen Breite aus. Aber diese Abhängigkeit ist so gering, daß sich die Vornahme der Zuordnung auf einem Globus nicht lohnt. Nach Zahlentafel 2 läuft für Grönland die *d* Richtung parallel zum Meridian 60° W, während die *z*-Richtung der Ostwestrichtung in beliebigen Punkten dieses Meridians entspricht. Für die Meridiane 70° W bis 20° W sind in 10°-Stufen die jeweiligen typischen Richtungen in Zahlentafel 2 angegeben.

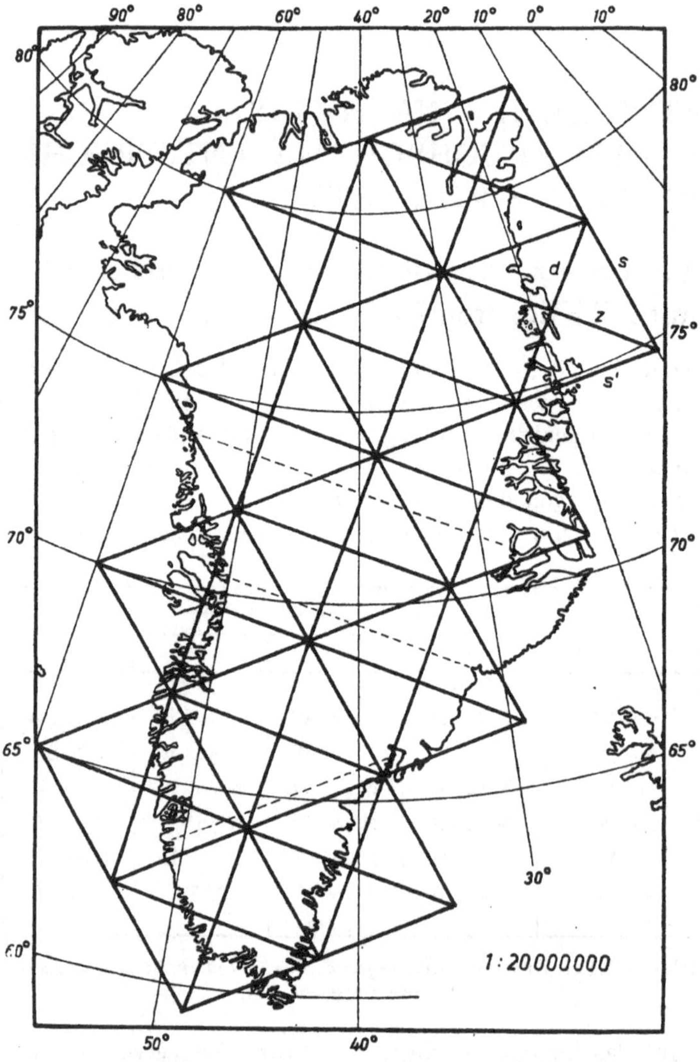

Abb. 17. Für Grönland ist das Bruchschema dann richtig orientiert, wenn die *d*-Linien parallel zum Meridian 60° W bzw. wenn die *s*-Linien parallel zum Meridian 10° W gerichtet sind. Die *z*-Richtung tritt besonders deutlich bei den Fjorden in Südostgrönland hervor. In Südwestgrönland herrscht die *s'*-Richtung vor. Die gestrichelten Linien deuten den mutmaßlichen Verlauf von V-förmigen, Grönland quer durchsetzenden Bruchzonen an, längs denen die Hauptgletscherbewegung des Inlandeises erfolgt. Vgl. Seite 52.

32 Festigung der auf dem Fjordsystem beruhenden Orientierung des „Bruchschemas“ durch geographische Belege aus der Karte Grönlands im Maßstab 1:2000000

Die gemäß dem Abschnitt 31 sich ergebende Orientierung des Bruchschemas läßt sich überprüfen mit Hilfe der Karten (1926, 1906) Grönlands im Maßstab 1:2000000 unter Berücksichtigung auch der kleinen Fjorde sowie von Küstenabschnitten, Inseln, Halbinseln, Seeabflüssen, Gletscherrändern und -zungen, Steilhängen von Erhebungen u. dgl. Die Wahrscheinlichkeit für eine gemäß Zahlentafel 2 orientierte Bruchstruktur Grönlands wird durch diese Überprüfung bedeutend erhöht, wie die folgenden Beispiele zeigen. Beginnend im Norden der Karte (1926) wurde, an der Ostseite Grönlands fortschreitend und nach dem Erreichen der Südspitze von Grönland an der Westküste von Grönland nach Norden fortschreitend, das „Bruchschema“ entsprechend der in Zahlentafel 2 angegebenen Orientierung auf die Karte gelegt und versucht, die genannten gerichteten Strukturen den typischen Richtungen des Bruchschemas zuzuordnen. Die restliche Umrandung von Grönland nördlich der Breite 75° N wurde in der gleichen Weise mittels der Karte (1906) vorgenommen unter weiterem Fortschreiten an der Westküste nach Norden, an der Nordküste von Westen nach Osten und an der Ostküste von Norden nach Süden zurück zum Ausgangspunkt. Die Zuordnung irgendeines gerichteten Strukturelements der Karte zu einer typischen Richtung des Bruchschemas erfolgte der Kürze halber im allgemeinen durch Angabe der betreffenden typischen Richtung in Klammern bzw., falls zwei oder mehrere typische Richtungen in Frage kamen, im allgemeinen durch deren Angabe in der Reihenfolge des auffälligsten Hervortretens. Mitunter ist jedoch auch die Reihenfolge der typischen Richtungen, nötigenfalls unter Wiederholung derselben, so angegeben, wie sie ineinander umspringen. Falls im Kartenbild einer der dem Bruchschema eigenen typischen Winkel von 40°, 50°, 80°, 90°, 100°, 130° oder 140° gut hervortrat, ist in der Regel darauf hingewiesen. Es treten auf: Winkel von 40° zwischen der *z*- und der *s*- oder *s'*-Richtung, von 50° zwischen der *d*- und der *s*- oder *s'*-Richtung, von 80° zwischen der *s*- und der *s'*-Richtung, von 90° zwischen der *z*- und der *d*-Richtung, von 100° zwischen der *s*- und der *s'*-Richtung, von 130° zwischen der *d*- und der *s*- oder *s'*-Richtung sowie von 140° zwischen der *z*- und der *s*- oder *s'*-Richtung. Die nachfolgende Aufzählung berücksichtigt nur die wichtigsten der möglichen Zuordnungen, hebt aber auch die Fälle hervor, in denen geradlinige Strukturen auftreten, die in auffälliger Weise von den typischen Richtungen abweichen.

321 Südostgrönland

Kong-Wilhelm-Land (*z* = N 50° W für Meridian 20° W)

Ardencaple-Inlet (*z s*) auf 70 km Länge; vgl. Abb. 18 auf Seite 43.

Durch Gabelung am westlichen Ende des Ardencaple-Inlet entstandene Halbinsel (*s z d z*); vgl. Abb. 18.

Bucht bei Kap Negri (*s' s*); vgl. Abb. 18.

Shannon-Insel (*s*). Im Norden der Shannon-Insel ausgehende, durch Kap Börgen gekennzeichnete Halbinsel (*d s z*); vgl. Abb. 18.

Lindemann-Bucht (*s' d*) mit typischem 50°-Winkel; vgl. Abb. 18.

Zwischen Kap Berlin und Kap Hamburg gelegene Bucht (*d z*) mit typischem 90°-Winkel.

Clavering-Straße (*s*) östlich von Kap Berlin.

Nordwestküste (*d*) der Clavering-Insel.

Westlich von Kap Giesecke gelegener 20 km langer Fjord (*s*).

Hudson-Land (*z* = N 50° W für Meridian 20° W)

Fjord Loch-Fine (*s*).

40 km langer westlicher Teil des Moskusoxe-Fjordes (*z*).

Nordküste von Hudson-Land (*z s' z s'*) von 110 km Länge.

Ostküste von Hudson-Land (*d z s' d*) von 120 km Länge.

Südküste von Hudson-Land (*z s*) von 80 km Länge.

110 km langes Nordufer des Kaiser-Franz-Joseph-Fjordes (*z s' d*).

Geolog-Fjord (*z s z*) auf 80 km Länge.

Nordküste der Ymer-Insel (*s' z*).

Westküste der Ymer-Insel (*d*).

Südküste der Ymer-Insel (*s'*) auf 100 km Länge.

Dickson-Fjord (*s' z*).

Rohss-Fjord (*z*).

Kong-Oscar-Fjord (*s*) auf 80 km Länge.

Scoresby-Land (*z* = N 50° W für Meridian 20° W)

Segelsällskapet-Fjord (*s' d z s'*).

Davy-Sund (*z*) auf 80 km Länge.

Fleming-Inlet (*d*) auf 30 km Länge.

Nathorst-Fjord (*d*).

Halbinsel Cumming-Land (*s' d z*).

Jameson-Land (*z* = N 50° W für Meridian 20° W)

Carlsberg-Fjord (*s*) auf 40 km Länge.

Ostküste von Jameson-Land (*s*) auf 120 km Länge.

Hurry-Inlet (*s*) auf 50 km Länge.

Scoresby-Sund (z = N 50° W für Meridian 20° W)

Hall-Inlet (s) auf 70 km Länge.

Gabelung am westlichen Ende des Nordvest-Fjordes ($z\ d$) mit typischem 90°-Winkel.

Zwei in den zur d-Richtung parallel laufenden Gabelteil des Nordvestfjordes bzw. in den Rypefjord einmündende Gletscherzungen ($d\ s\ s'$).

Rödefjord (d) auf 60 km Länge.

Vestfjord (s') auf 40 km Länge.

Föhnfjord (s') auf 70 km Länge.

Südufer des Scoresby-Sundes ($z\ s'$) auf 120 km Länge mit typischem 140°-Winkel.

Küste bei Kap Brewster ($s'\ d$) mit typischem 50°-Winkel.

Kong-Christian-den-IX.-Land (z = N 60° W für Meridian 30° W)

Steward-Insel (z).

Halbinsel Manby ($s'\ z\ d\ z$) mit typischem 140°-Winkel.

Halbinsel Henry-Land ($s'\ d\ z$) mit typischem 50°-Winkel.

Bucht zwischen Kap Savary und Kap Grivel ($z\ s$) mit typischem 40°-Winkel.

Zahlreiche kleine, vorwiegend in s-Richtung streichende Fjorde zwischen Kap Grivel und der Bucht Kangerdlugsuak.

Drei Fjorde zwischen Kap Louis-Ussing und Kap Christiansen, nämlich der Fjord Sierartalip-kangerdlua ($z\ s$), der Fjord Nualik (z) und der Kruuse-Fjord ($s'\ d$).

Jago-Fjord ($z\ s$) mit typischem 40°-Winkel.

Fjord (z) nördlich der Schroekkens-Bugt.

Halbinsel mit Kap Jörgensen (s).

Fjordgabel ($z\ d$) westlich von Kap Wandel.

Fjord Kangerdlugsuatsiak ($z\ d\ s$) auf 40 km Länge.

Halbinsel mit Kap Nordenskiöld (s).

Nordostküste der Insel Angmagssalik (s) auf 25 km Länge.

Sermilik oder Egede-Fjord ($d\ z$) auf 120 km Länge.

Halbinsel ($z\ d$) mit typischem 90°-Winkel am Knie des Egede-Fjords.

Kong-Frederik-den-VI.-Land (z = N 70° W für Meridian 40° W)

Kjöge-Bucht (z) auf 40 km Länge.

Küste (s) zwischen Kjöge-Bucht und Kap Löwenörn auf 50 km Länge.

Gyldenlöve-Fjord ($z\ s$) mit Insel Upernarsuak (z) auf 40 km Länge.

Südwestküste der Insel Skjoldungen ($s\ z$) auf 50 km Länge.

Fjord (s) und Sund (s') nordwestlich der Insel Uvivak.

Schested-Fjord ($z\ s$) auf 50 km Länge mit typischem 140°-Winkel.

Griffenfeldt-Insel (*d*) mit Fjord (*d*).

Halbinsel (*s*) und Fjord (*s*) westlich der Insel Akitsok.

25 km langer, westlich daran anschließender Fjord (*z*).

Diesem Fjord vorgelagerte Inseln (*s' z*).

Mogens-Heinesen-Fjord (*s z*) auf 40 km Länge.

Fjord Kangerdlugsuatsiak (*s z s'*) auf 40 km Länge.

Fjord Taterat (*z s'*) auf 25 km Länge.

Fjord Igutsat (*z*) auf 25 km Länge.

Fjord Kangerdlugluk (*z s*) auf 60 km Länge.

Danell-Fjord (*z*) auf 50 km Länge.

Fjord Patursok (*z*) auf 20 km Länge.

Lindenow-Fjord (*z*) auf 60 km Länge mit drei Seitenfjorden (*s*).

Prinz-Christian-Sund (*z*) auf 60 km Länge.

Die Küsten der Insel Christian-den-IV.-Ö streichen parallel zu allen vier typischen Richtungen. An der Südküste (*z s*) tritt ein typischer 40°-Winkel auf.

Fjord (*s*) mit Siedlung Frederiksdal.

Der Fjord Tasermiut von 70 km Länge läßt sich den typischen Richtungen nicht gut zuordnen.

Fjord Nanortalik (*d*) und Insel (*d*) von 70 km Länge nordöstlich der Insel mit der Kolonie Tuapait.

322 Südwestgrönland

Julianehaab-District (*z* = N 80° W für Meridian 50° W)

Nördlich der Kolonie Julianehaab bis zur Kobbermine-Bugt und südlich der Kolonie Julianehaab bis zur Kolonie Lichtenau-Sydpröven tritt vorwiegend die *s'*-Richtung mit einer Gesamtlänge von 200 km als Richtung von Fjorden, Halbinseln und Inseln auf.

Südlich von Julianehaab und westlich von Lichtenau-Sydpröven gelegene Insel Kaersok (*s' s*) mit typischem 80°-Winkel.

40 km lange Südküste der Halbinsel Tigsaluk (*z*) nördlich der Kolonie Arsuk.

Frederikshaab-District (*z* = N 80° W für Meridian 50° W)

Fjord Sermiliarsuk (*s'*) auf 50 km Länge mit Halbinsel (*s'*) im östlichen Ende.

Fjord Kangarsuk (*z*).

Fjord Neria (*s'*).

Halbinsel mit Kolonie Frederikshaab (*d z*) mit typischem 90°-Winkel.

Frederikshaab-Isblink (*s'*).

Östlich davon gelegener Gletschersee Tasersuak (*z*).

Vier Fjorde (*d*) von 120 km Gesamtlänge westlich von Frederikshaab-Isblink. Der westlichste von ihnen, in den der Naujarsuit-Gletscher einmündet, biegt mit typischem 140°-Winkel um in die *s'*-Richtung.

Godthaab-District (z = N 80° W für Meridian 50° W)

Im Gebiet zwischen dem Groedefjord, nördlich der Siedlung Lichtenfels, und dem Fiskefjord, 60 km nördlich von Godthaab, befinden sich zahlreiche gerichtete Strukturen, vor allem Fjorde und Sunde, die sich dem vermuteten Schwächenetz von Grönland schwer zuordnen lassen und die darüber hinaus unter sich in zwei Gruppen parallel zueinander sind. Die eine Gruppe streicht in Richtung N 25° E, die andere in Richtung N 75° E, während als typische Richtungen N 10° E und N 60° E in Frage kommen.

Die 120 km lange Halbinsel südlich des Fiskefjordes, der auf 50 km der *s'*-Richtung N 60° E folgt und in dessen genauer Verlängerung sich auf 40 km eine Gletscherzunge erstreckt, hat gegen das offene Meer hin eine 60 km lange geradlinige, wenn auch durch Inseln und Fjorde aufgelockerte Küste in *d*-Richtung N 10° E, so daß am Eingang des Fiskefjordes ein typischer 140°-Winkel zum Ausdruck kommt. Im Innern dieser Halbinsel wiederholen sich die beiden genannten Richtungen an Seen und an Seeabflüssen des öfteren.

Unweit der Südostküste der Halbinsel befindet sich ein schmaler, 20 km langer See, der der abweichenden Richtung N 25° E folgt, die zugleich die allgemeine Richtung der Südostküste der Halbinsel und die Richtung dreier Sunde sowie eines Fjordes nordöstlich der Kolonie Godthaab ist. Als Erklärung für die abweichende Richtung N 25° E ziehe ich wie bei abweichenden Richtungen in starren Prüfkörpern in Betracht, daß zwei typische Richtungen, in diesem Falle d = N 10° E und s' = N 60° E sich bei sehr kleiner Länge abwechselnd aneinanderreihen; vgl. S. 47, 50, 65 u. 77. Der Verlauf der Südostküste der Halbinsel zwischen dem Fiskefjord und dem Fjord Kuksuk bestätigt diese Auffassung insofern, als die Richtung N 10° E gerade an den zwei Stellen im Zuge der Südostküste auftritt, an denen Verlängerungen von im Innern der Halbinsel in Richtung N 10° E streichenden Strukturen die Südostküste schneiden.

Ähnlich mag es sich mit dem Fjord südlich von Godthaab verhalten, an dessen Eingang die Kolonie Narsak liegt, sowie mit dem Fjord, in den die beiden Iviangiusat einschließenden Gletscherzungen einmünden; denn zwischen diesen beiden im wesentlichen in Richtung N 75° E streichenden Fjorden liegt der, einschließlich eines Seeabschnittes und des verbindenden Seeabflusses, 60 km lange Buxefjord, der einwandfrei in *s*-Richtung N 60° E streicht, während der verlängernde See auf 30 km Länge unter Bildung eines typischen 140°-Winkels in die *z*-Richtung N 80° W umbiegt.

Unweit dieser regelmäßigen Aneinanderreihung von *s'*- und *z*-Richtung streicht als linksseitiger Zufluß in den Buxefjord ein Seeabfluß und ein See auf 30 km Länge ebenfalls in der Richtung N 75° E. Auch diese abweichende Richtung suche ich als abwechselnde Aneinanderreihung von kleinen Längen in der typischen *s'*- und *z*-Richtung zu erklären.

Auf jeden Fall muß dem Gebiet östlich und südlich von Godthaab wegen der auftretenden abweichenden Richtungen N 25° E und N 75° E erhöhte Aufmerksamkeit zugewendet werden.

Sukkertoppen-District (*z* = N 80° W für Meridian 50° W)

Fjord Süd-Isortok (*s' d s' z*) auf 100 km Länge.

Dreieckige Halbinsel mit der Siedlung Agpamiut, begrenzt von dem 12 km langen Fjord Kangerdluarsuk (*s'*), dem Fjord nördlich der Siedlung Ikamiut (*d*) und dem Hamburger-Sund (*z*).

In Verlängerung der Gletscherzunge Avangnardlek liegender, die Grenze gegen das Inlandeis bildender, 50 km langer See Tasersiak (*s'*).

Vereinigung der beiden Gletscherzungen Avangnardlek (*s'*) und Kujadtlek (*s*) mit typischem 80°-Winkel.

Evighedsfjord (*s' s s' s*) auf 80 km Länge.

Halbinsel Timerdlit (*s'*) auf 40 km Länge.

Fjord Nasarmiut (*s'*) auf 30 km Länge.

Holsteinsborg-District (*z* = N 80° W für Meridian 50° W)

Südlicher Strömfjord (*s' d s' d s' s s'*) auf 200 km Länge.

Fjord Itivtlek (*z s' z*) auf 50 km Länge.

Amerdlok-Fjord (*z s*) auf 60 km Länge.

323 Nordwestgrönland

Egedisminde-District (*z* = N 80° W für Meridian 50° W)

Zwischen der Kolonie Egedisminde und der Kolonie Holsteinsborg kommt das grönländische Schwächenetz weniger gut, aber doch noch hinreichend überzeugend zum Ausdruck. Namentlich der Fjord Nord-Isortok von 140 km Länge streicht in abweichenden Richtungen.

Christianshaab-District (*z* = N 80° W für Meridian 50° W)

Zwei südlich von Christianshaab liegende Fjorde (*s'* bzw. *s*).

Durch einen östlich der Kolonie Claushavn liegenden Fjord (*s'*) gebildete Halbinsel (*z s' d*) mit typischem 40°- und 90°-Winkel.

Laxe-Bucht (*s'*) nördlich von Christianshaab.

Zwei in der Verlängerung der Laxe-Bucht liegende Seen (*s'*) und deren Abflüsse (*s'*).

140 km langer Küstenstreifen (*d*) zwischen dem Fjord Torsuktak und der Kolonie Christianshaab.

Fjord Torsuktak (*s'*) auf 40 km Länge.

Ritenbenk-District (z = N 80° W für Meridian 50° W)

Die 180 km lange Südküste der Halbinsel Nugsuak streicht in *s*-Richtung zwischen der Kolonie Nugsuak und der Erhebung Kakarsuak, in *z*-Richtung anschließend bis zur Erhebung Patoot, in *s*-Richtung anschließend bis zur Siedlung Ujaragsuit, in *z*-Richtung anschließend bis zur Kolonie Kekertak.

Umanak-District (z = N 80° W für Meridian 50° W)

Insel Talerok (*s*) und Insel Ikerasak (*s*).

Halbinsel (*z*) mit den Kolonien Uvkusigsat und Satut.

Die diesen Kolonien gegenüberliegende Halbinsel mit der Erhebung Agpatu weist zwei typische 140°-Winkel auf, deren Schenkel parallel zur *s'*- und *z*-Richtung laufen.

Umiamako-Broe (*s'*) mit anschließendem Fjord (*s'*).

Zwei diesem Gletscher vorgelagerte Inseln: Kekertarsuak (*z s'*) mit typischem 40°-Winkel und Karat (*s'*).

Upernivik-District (z = E-W für Meridian 60° W)

Die Insel Kekertarsuak von der Halbinsel Ingnerit trennender Sund (*s' d*) mit typischem 130°-Winkel.

Fjorde der Halbinsel Svartenhuk: Arfertuarsuk (*s*), Maligiak (*z*), Migdlorfik (*s*), Amitsok (*s*), Umivit (*s*), Kangiusat (*s'*).

Laxefjord (*z d*) auf 50 km Länge.

Zwei von Norden in den Laxefjord einmündende Sunde (*d*).

In der Verlängerung des westlichen dieser Sunde des Nutarmiut-Archipels liegt ein Fjord (*d*) bzw. ein Sund (*d*) mit einer Inselreihe (*d*).

Inlandeisgrenze (*s' s*) auf der Halbinsel Pingut.

Nordwestküste (*s'*) und Ostküste (*d*) der Insel Kaersorsuak unter Bildung eines typischen 50°-Winkels.

Zwei zwischen der Kolonie Kagsersuak und der Siedlung Arpik gelegene Inseln am Nordrande des Upernivik-Eisfjordes sind durch einen Sund in *d*-Richtung voneinander getrennt. Die westliche von ihnen hat infolge eines tief in sie einschneidenden Fjords (*d*) eine U-förmige Gestalt.

Der Giesecke-Isfjord folgt auf 60 km Länge der *s*-Richtung. An seinem östlichen Ende befinden sich zwei Inseln, von denen die westliche mit L-förmiger Gestalt parallel zur *s*- und *s'*-Richtung streicht, während die ostliche der *s'*-Richtung folgt.

Halbinsel Nugsuak (*s'*) auf 40 km Länge.

Alison-Bay (*s*).

Holmes-Insel (*z s*) mit typischem 140°-Winkel.

20 km lange, hingegen sehr schmale Amdrup-Insel (*s'*).

Halbinsel mit Kap Seddon (*s s' d*).

Hayes-Halbinsel (*z* = E-W für Meridian 60° W)

20 km langer, eisfreier Küstenabschnitt (*s*) nordwestlich von Kap Murdok.

Fjord (*z*) nördlich von Kap Melville.

Typischer 40°-Winkel am Kap Atholl aus südöstlich vom Kap liegender Küste (*s*) und nordöstlich vom Kap liegender Küste (*z s'*).

Typischer 140°-Winkel an der North-Star-Bucht (*z s'*).

Typischer 140°-Winkel am Kap Abernathy, gebildet durch die Küstenrichtung (*s*) nordwestlich vom Kap und die Küstenrichtung (*z*) östlich vom Kap.

Inselgruppe Three-Sister-Bees (*d*) am Eingang in die Granville-Bucht, deren Nordküste mit typischem 140°-Winkel der *s'*- und der *z*-Richtung folgt.

Die Küste zwischen Blackwood-Point und Three-Sister-Bees bildet einen Knick (*s z*) mit einem typischen 140°-Winkel.

Von dem genannten Knickpunkt gehen zwei Fjorde (*z d*) aus.

Im Bereich der in die Hayes-Halbinsel einschneidenden Inglefield-Bucht kommt vor allem die *z*-Richtung zum Ausdruck, namentlich durch die Längsrichtung von Inseln.

Robertson-Bucht (*s'*).

Typischer 100°-Winkel bei Kap Ingersoll aus *s*- und *s'*-Richtung.

Der parallel zur *s*-Richtung laufende Küstenabschnitt bei Kap Ingersoll setzt sich in der Renselaer-Bucht, einem Zufluß zu dieser Bucht und auf 40 km Länge als Schlucht fort.

Die *s*-Richtung tritt auch westlich von Kap Russel, als Nordostgrenze der Marshall-Bucht und als Richtung des in den Westzipfel der Marshall-Bucht mündenden Gletscherabflusses auf.

Zwischen Kap Kent und Kap Scott bildet die Küste einen typischen 50°-Winkel aus *s*- und *d*-Richtung. Die in diese Bucht mündende Gletscherzunge streicht gleichfalls in *s*-Richtung.

Washington-Land (*z* = E-W für Meridian 60° W)

Die Peabody-Bucht wird begrenzt durch den allgemein zur *z*-Richtung parallel laufenden Küstenabschnitt zwischen Kap Scott und Kap Agassiz, die parallel zur *d*-Richtung laufende Gletscherfront des Humboldt-Gletschers und den allgemein parallel zur *s*-Richtung laufenden, jedoch durch in *s'*-Richtung streichende kleine Buchten gegliederten Küstenabschnitt zwischen Kap Calhoun und Kap Forbes.

Der Kennedy-Kanal und der Robeson-Kanal erstrecken sich parallel zur *s'*-Richtung.

Hall-Land (z = E-W für Meridian 60° W)

Der Ostrand des Hall-Bassin folgt der d-Richtung und bildet einen typischen 130°-Winkel mit dem in s'-Richtung streichenden Nordwesthang des Polaris-Vorberges.

Die Ufer der den Polaris-Vorberg im Nordosten und Osten begrenzenden Newman-Bucht laufen unter Bildung eines typischen 130°-Winkels parallel zur s- und d-Richtung.

Das aus dem Südabhang des Polaris-Vorberges (z), dem Ostrand des Hall-Bassin (d) und dem von Kap Tyson ausgehenden Steilabfall (s') von Hall-Land gebildete Dreieck enthält zwei typische Winkel, nämlich bei Kap Tyson einen 50°-Winkel und gegenüber der Reynold-Insel einen 40°-Winkel.

Abweichend gerichtet sind die Bessel-Bucht und der Petermann-Fjord südlich vom Hall-Bassin.

Das Westufer des Sherard-Osborn-Fjordes folgt im wesentlichen der s'-Richtung.

Nares-Land (z = N 80° W für Meridian 50° W)

Die Südwest- und die Nordostküste von Nares-Land streichen abweichend, während der Chipp-Inlet, der an seinem Nordwestende gleichfalls abweichend streicht, in seinem noch unerforschten Teil in die z-Richtung umzuschwenken scheint.

324 Nordostgrönland

Peary-Land (z = N 80° W für Meridian 50° W)

In Peary-Land herrscht am De-Long-Fjord, bei der Luigi-Amadeo-Insel, am Wild-Fjord und bei der Halbinsel mit Kap Hammock die s-Richtung vor.

Frederick-E.-Hyde-Fjord (s' d) am Nordufer.

Schley-Fjord (d).

Mylius-Eriksens-Land (z = N 50° W für Meridian 20° W)

Independence-Fjord (d s' d).

Hagens-Fjord (s' s).

Danmark-Fjord (d).

Alexandrinen-Berge (d) auf der Ostseite des Danmark-Fjordes.

Insel Prinsesse-Thyra-Ö (s).

Kronprins-Christians-Land (z = N 50° W für Meridian 20° W)

Kap Kronborg (s d) mit typischem 130°-Winkel.

Inselreihe der Prins-Frederiks-Öer (s).

Küste südwestlich von Nordost-Runding (*d*).

Antarctic-Bugt (*z*).

Südküste von Holm-Land (*s'*).

Kong-Frederik-den-VIII.-Land ($z = $ N 50° W für Meridian 20° W)

Die *d*-Richtung herrscht vor als Begrenzung des Gebirgsmassivs westlich der Insel Hovgaard-Ö.

Nunatakker (*d*) westlich dieses Gebirgsmassivs mit Ausnahme von Holm-Nunatakker (*s'*).

Orléans-Sund (*z*).

Jökel-Bucht (*s*) mit Gletscherzunge Nordre-Depot (*s*) und Inselreihe (*s*) zwischen Kap Merite und Kap Louise.

Penthièvre-Fjord (*z*) und drei in ihm liegende Inseln (*z*).

Schmale Halbinsel (*s'*) und Fjord (*s'*) im Skaerfjord.

Abweichend streichen die 50 km lange Gletscherzunge Kofoed-Hansen-Broe und die Insel Ile-de-France.

Dove-Bucht ($z = $ N 50° W für Meridian 20° W)

An der Dove-Bucht tritt die *s*-Richtung bei der 90 km langen Insel Store-Koldewey, bei der Inselreihe südlich von Kap Bismarck und bei der Küste zwischen Kap Peschel und Kap Carl-Ritter hervor; vgl. Abb. 18.

Auch die anderen drei typischen Richtungen kommen bei der Begrenzung der Dove-Bucht zur Geltung: Winges-Kyst (*z*), Mörke-Fjord (*s'*), Halbinsel Pustervig (*s'*), Hellefjord (*s'*), Buchtbegrenzung (*d*) nördlich von Edvards-Ö, Gletscherzunge Soraner-Broeen (*d*).

Besonders eindrucksvoll lassen sich die Küsten der in der Dove-Bucht liegenden, die Roon-Bucht bildenden V-förmigen Insel den zur *z*- und *s'*-Richtung parallellaufenden Schenkeln eines typischen 40°-Winkels zuordnen; vgl. Abb. 18.

Die nördlich der V-förmigen Insel liegende Insel (*s'*), auf der sich das Teufelskap befindet, und die südwestlich der V-förmigen Insel liegende Insel (*z*) wiederholen in auffälliger Weise den beschriebenen typischen 40°-Winkel; vgl. Abb. 18.

Die *z*-Richtung wird auch durch die noch weiter südwestlich liegende Halbinsel und die nordwestlich der V-förmigen Insel liegende Insel mit der Höhe 400 betont; vgl. Abb. 18.

Südostgrenze (*d*) von Carlsbergfondets-Land; vgl. Abb. 18.

Gletscherzunge L.-Bistrups-Broe (*d*); vgl. Abb. 18.

Kong-Wilhelm-Land ($z = $ N 50° W für Meridian 20° W)

Bessels-Fjord (*s'*); vgl. Abb. 18.

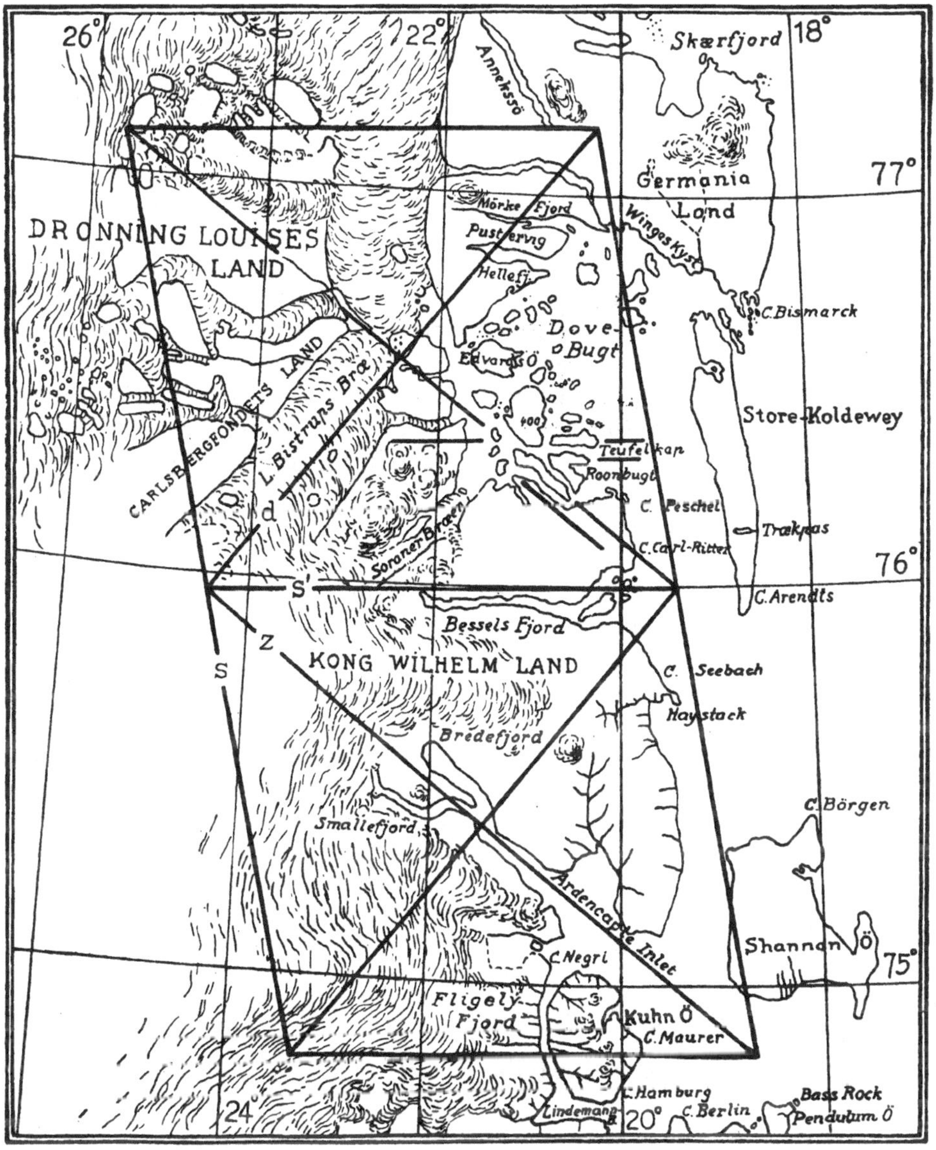

Abb. 18. Ostküste Grönlands zwischen Germania-Land und Kuhn-Insel im Maßstab 1 : 20000000 nach Karte (1906) mit eingezeichnetem Bruchschema, das entsprechend s = N 30° W für den Meridian 20° W orientiert ist.

33 Festigung der auf dem Fjordsystem beruhenden Orientierung des „Bruchschemas“ in Grönland durch geographische und geologische Belege aus Karten in größerem Maßstabe

Nachdem so die Wahrscheinlichkeit für die Richtigkeit der nach Zahlentafel 2 bzw. nach Abb. 17 vorgenommenen Orientierung des Bruchschemas für Grönland bedeutend gestiegen ist, erfolgt nun eine Überprüfung an Hand des geomorphologischen Befundes engbegrenzter Teile von Grönland, vor allem an Hand der derzeitigen Kenntnisse über die Richtungen von Verwerfungen, Gängen und geologischen Schichtgrenzen.

Dabei werden die betreffenden Gebiete in der gleichen Reihenfolge besprochen, wie es in Abschnitt 32 geschah, also ausgehend von der Breite 75° N an der Ostküste Grönlands, fortschreitend zur Südspitze von Grönland, an der Westküste nach Norden fortschreitend, an der Nordküste nach Osten fortschreitend und an der Ostküste zum Ausgangspunkt zurückkehrend.

Wenngleich mir zur Zeit ein einigermaßen vollständiges Erfassen des einschlägigen Schrifttums nicht möglich ist, so ergibt sich doch eine derartige Fülle von Beweisunterlagen, daß man getrost von einer tatsächlich vorhandenen Bruchstruktur Grönlands im Sinne von Zahlentafel 2 sprechen kann.

Der besseren Übersicht halber sind bei jedem einzelnen betrachteten Gebiet angegeben: die ungefähren Grenzen nach geographischer Länge und Breite, sowie die gemäß Zahlentafel 2 bzw. nach Abb. 17 geltenden vier typischen Richtungen in Abhängigkeit eines Meridians des betrachteten Gebietes, und zwar entweder eines leicht auffindbaren Meridians oder auch des Meridians, unter dem die zu überprüfenden geomorphologischen Strukturen liegen.

331 Südostgrönland

Gebiet zwischen Kuhn-Insel und Ymer-Insel, 73°05′···75°00′ N.

Für den Meridian 22° W ist:

$$z = \text{N } 52° \text{ W}, \quad s = \text{N } 12° \text{ W}, \quad s' = \text{N } 88° \text{ E}, \quad d = \text{N } 38° \text{ E}.$$

In *Kochs* (1929, pl. 3) geologischer Karte „East-Greenland III“ im Maßstab 1:1000000 fällt namentlich die Zuordnungsmöglichkeit der Grenzen von Erstarrungsgestein auf. Auf der Halbinsel Hold-with-Hope bildet der in *s*-Richtung streichende Fjord Loche-Fyne die westliche Grenze von einem Gebiet tertiären Basalts, das zangenartig ein Jurakreidegebiet umschließt unter Ausbildung von in *z*- und in *d*-Richtung laufenden Grenzlinien zwischen Jurakreide und Basalt. Wie eine Inselreihe liegen in dem Jurakreidegebiet drei Basaltblöcke in *z*-Richtung, durch Jurakreidestreifen in *d*- und in *s*-Richtung untereinander getrennt.

Die Grenzen des Granitgebietes im Süden der Gauß-Halbinsel folgen am Nordwestrand des Gebietes vorwiegend der *s'*- und der *d*-Richtung. Am Ostrand des Granitgebietes laufen seine Grenzen vorwiegend parallel zur *s*- und zur *d*-Richtung.

Gebiet zwischen Ymer-Insel und Kap Tepham, Jameson-Land, 71° 15' ··· 73° 10' N.

Für den Meridian 22° W ist:

$$z = \text{N } 52° \text{ W}, \quad s = \text{N } 12° \text{ W}, \quad s' = \text{N } 88° \text{ E}, \quad d = \text{N } 38° \text{ E}.$$

Kochs (1929, pl. 2) geologische Karte „East-Greenland II" wird zweckdienlich im Zusammenhang mit *Kochs* (1929, S. 42, Fig. 9; S. 59, Fig. 20; S. 51 ··· 52) tektonischer Skizze des Nordteils des Kong-Oskar-Fjords und der Skizze der kaledonischen Falten in Ostgrönland betrachtet. Wahrscheinlich setzt sich die in der tektonischen Skizze eingezeichnete, in Richtung N 10° W, also in *s*-Richtung streichende Verwerfung, die Archaikum und Algonkium voneinander trennt, nach Süden zu bis zur Nordostbucht fort.

In Scoresby-Land liegt westlich von Antarctic-Harbour eine dreieckige Devonkarbonscholle, die sich durch das Auftreten dreier typischer Winkel, eines 40°-Winkels im Norden, eines 50°-Winkels im Süden und eines 80°-Winkels im Osten, auszeichnet.

Auf der Traill-Insel befindet sich ein zentrales, im wesentlichen rhombisch geformtes Alluviumgebiet, dessen Grenzen gegen Devon und Karbon parallel zur *s*- und zur *s'*-Richtung laufen.

Gebiet zwischen Bessel-Fjord und Davy-Sund, 16° ··· 30 W, 72° ··· 76° N.

Für den Meridian 20° W ist:

$$z = \text{N } 50° \text{ W}, \quad s = \text{N } 10° \text{ W}, \quad s' = \text{E-W}, \quad d = \text{N } 40° \text{ E}.$$

In drei von *Ahlmann* (1941, plate 2 bis plate 4) gebrachten Kartenskizzen sind Isohypsen und Plateaugrenzen im Maßstab 1:3000000, die Grenzen geologischer Schichten und Verwerfungen im Maßstab 1:3000000 sowie Isobathen von Fjorden im Maßstab 1:2000000 angegeben. Die in *Ahlmanns* plate 4 und plate 2 eingezeichneten Strukturen sprechen ohne weiteres für die von mir behauptete Bruchstruktur Grönlands. Beispielsweise lassen die Isobathen im Kong-Oscar-Fjord (*z s* mit typischem 140°-Winkel) und im westlichen Teil des Franz-Joseph-Fjords (*s' z d s' d*) noch besser als die Küstenlinien die Zuordbarkeit der Fjordrichtungen hervortreten. In *Ahlmanns* plate 3 kommt in auffälliger Weise die *s'*-Richtung zum Ausdruck durch die die Verlängerung des Sofia-Sundes (*s'*) südlich der Ymer-Insel andeutende Seetiefenlinie —250, durch die Seetiefenlinien —500 bis —1500 am Kontinentalabfall sowie östlich der Kuhn-Insel durch ein Becken, das tiefer als 250 m ist. Die Höhenschichtlinie +1500 umgrenzt halbinselartig ein Gebiet, das sich in *d*-Richtung senkrecht zum Ardencaple-Inlet erstreckt. In der gleichen Kartenskizze ist auch die gute Zuordbarkeit der Plateauränder zu den typischen Richtungen bemerkenswert. Beispielsweise liegt westlich des Segelsällskapet-Fjords ein Plateau (*s' z*) mit typischem 40°-Winkel, während auf der Insel Ymer ein Plateauzug (*z s'*) die Schenkel eines 140°-Winkels bildet.

Als Basaltgrenzen treten in der von *Ahlmann* (1941, plate 3) gebrachten, von *O. Kulling* entworfenen geologischen Skizze von Nordostgrönland besonders die *s*- und die *s'*-Richtung hervor. Hingegen weichen in dieser Skizze namentlich die in Richtung N 6° E streichende Verwerfung in Th.-Thomsen-Land und die in Richtung N 10° E streichende Verwerfung quer durch Hudson-Land von der geltenden *s*-Richtung N 12° W unzulässig stark ab. Für diese den Nordteil der Kochschen Linie bildenden Verwerfungen muß nachzuweisen versucht werden, daß sie sich aus kurzen, in typischen Richtungen streichenden Verwerfungsabschnitten zusammensetzen; vgl. *Koch* (1929, S. 132, Fig. 40). Der südliche Teil der Kochschen Linie läßt sich der *s*- und der *d*-Richtung zuordnen. Das sind gerade die typischen Richtungen der vermuteten kurzen Verwerfungsabschnitte, die den abweichenden Nordteil der Kochschen Verwerfungslinie meiner Meinung nach zusammensetzen. Auf der Gauß-Halbinsel und im südlichen Hudson-Land sind derartige kurze Verwerfungen in *s*- bzw. *d*-Richtung gut zu erkennen.

Gebiet zwischen Kuhn-Insel und Scoresby-Sund, 20°···26° W, 70°···75° N.

Für den Meridian 20° W ist:

$$z = \text{N } 50° \text{ W}, \quad s = \text{N } 10° \text{ W}, \quad s' = \text{E-W}, \quad d = \text{N } 40° \text{ E}.$$

Aus der Übersichtsskizze der Triasverbreitung in ungefähr dem gleichen wie dem voranstehend beschriebenen Gebiete im Maßstab 1:1250000 von *Stauber* (1942, Tafel 1) ist zu ersehen, daß auch nördlich der Halbinsel Hold-with-Hope, nämlich auf der Clavering-Insel, in Wollaston-Forland, in A.-P.-Ohlsen-Land, in Th.-Thomsen-Land und auf der Kuhn-Ö als Verwerfungsrichtungen neben der abweichenden Richtung N 12° E die beiden typischen Richtungen *s* und *d* auftreten.

Auch die Grenzen der Triasformation an der Erdoberfläche folgen in dieser Kartenskizze im wesentlichen der *d*-, der *s*- und der *s'*-Richtung, und zwar auf der Halbinsel Hold-with-Hope der *s*- und der *s'*-Richtung, auf der Gauß-Halbinsel der *d*- und der *s'*-Richtung, in Jameson-Land der *d*- und der *s*-Richtung.

Es ist schade, daß bei *Staubers* (1942, S. 202, Fig. 26; S. 274 ··· 276, Fig. 32 ··· 34) Abbildungen von kluftdurchaderten Handstücken die Orientierung im Gelände nicht angegeben ist. In *Staubers* Fig. 33a mit Adern, die typische 50°-, 100°- und 130°-Winkel bilden, würde, wenn die Abbildungsebene des Gesteins im autochthonen Zustand waagerecht lag, die Richtung des Maßstabes in Fig. 33a ungefähr der Richtung N 50° W entsprechen.

Gebiet zwischen Kuhn-Insel und der Halbinsel Hold-with-Hope, 18° ··· 22° 30' W, 74° ··· 75° N.

Für den Meridian 20° W ist:

$$z = \text{N } 50° \text{ W}, \quad s = \text{N } 10° \text{ W}, \quad s' = \text{E-W}, \quad d = \text{N } 40° \text{ E}.$$

Den drei Hauptrichtungen von Verwerfungen, die *Vischer* (1940, S. 8 ··· 10) im Ostgrönlandgebiet zwischen 73° N und 75° N unterscheidet, nämlich NNW-SSE, NE-SW sowie NNE-SSW (Postdevonische Hauptverwerfung) entsprechen, wie bereits im Zusammenhang mit der Kochschen Linie dargelegt wurde, die *s*-Richtung N 10° W, die *d*-Richtung N 40° E sowie Kombinationen von abwechselnd aneinandergereihten kurzen Verwerfungen in *s*- und *d*-Richtung. Noch besser kommt diese Deutungsmöglichkeit der tatsächlich auftretenden Verwerfungs- und Gangrichtungen in *Vischers* (1943, Tafel 2) geologischer Karte des Gebietes zwischen 74° N und 75° N im Maßstab 1:333333 zum Ausdruck. Die *z*-Richtung tritt weniger häufig bei Verwerfungen, z. B. an der Südküste der Clavering-Ö, sondern namentlich als Richtung von Basaltgängen auf, vor allem in Wollaston-Forland, auf der Brorson-Halvö und der Kuhn-Ö; vgl. *Vischer* (1943, S. 105, Fig. 13 und S. 117 ··· 118, Taf. 2). Die *s*-Richtung wird durch zwei 20 km lange Verwerfungen und eine dazwischen liegende Flexur in Wollaston-Forland am Young-Sund belegt; vgl. *Vischer* (1943, S. 64 ··· 70). Die 40 km lange Verwerfung durch A.-P.-Olsen-Land, die in der Nähe des Ehrenberg-Feldes von der sich mutmaßlich aus Teilstücken in *d*- und *s*-Richtung zusammensetzenden Postdevonischen Hauptverwerfung abzweigt, streicht in Richtung N 39° E, folgt also ziemlich genau der *d*-Richtung.

Die *„tektonische Praeformierung"*, die *Vischer* (1940, S. 14) nur auf die *„Nord-Süd oder längs gerichteten Fjorde"* bezieht, gilt meiner Meinung nach für alle vier typischen Richtungen. Die Entstehung geradliniger Rinnen oder Strukturen *nur* durch Erosion, ohne Vorzeichnung durch Spalten wird von untergeordneter Bedeutung sein.

Nordostecke der Clavering-Insel, 20° 20' ··· 20° 40' W, 74° 20' ··· 74° 25' N.

Für den Meridian 20° W ist:

$$z = \text{N } 50° \text{ W}, \quad s = \text{N } 10° \text{ W}, \quad s' = \text{E-W}, \quad d = \text{N } 40° \text{ E}.$$

In der geologischen Karte der Nordostecke der Clavering-Insel im Maßstab 1:50000 von *Noe-Nygaard u. Säve-Söderbergh* (1932) ist eine ganze Reihe von Verwerfungen eingezeichnet. Längs der von einem Wasserlauf durchflossenen Djaevlekløft erstreckt sich eine Verwerfung (z) in Richtung N 48° W auf 7 km Länge. Im Dolomittal bzw. längs der Kontaktravine streicht eine Verwerfung (nahezu d) in Richtung N 32° E. Die Begrenzung von Inoceramusschiefer am Nordabhang der Djaevlekløft, südlich der Höhe 556, erfolgt unter Bildung eines typischen 50°-Winkels entlang einer Verwerfung (nahezu s') und einer Linie (d), die den Richtungen N 83° E und N 40° E folgen. In Verlängerung der genannten Verwerfung (s') streichen auch das Cirkusdal (s') und eine Basaltgrenze (s'). Ein typischer 90°-Winkel wird gebildet durch zwei Verwerfungen (nahezu z, nahezu d) bei der Höhe 320, deren genaue Streichrichtungen N 62° W und N 34° E sind. Durch benachbarte, in den Richtungen N 53° W, N 40° E und E-W streichende Streifen von Inoceramusschiefer kommen ein weiterer typischer 90°-Winkel ($z\,d$) und ein typischer 50°-Winkel ($s'\,d$) zum Ausdruck. Verwerfungen mit einer Gesamtlänge von 8 km, darunter zwei in Richtung N 13° E streichende, lassen sich den typischen Richtungen nicht gut zuordnen. Verwerfungen mit einer Gesamtlänge von 17 km lassen sich gut zuordnen. Die Richtung N 4° W der Küste östlich der Djaevlekløft entspricht der s-Richtung.

Westliche Clavering-Insel, 21° 35' W, 74° 15' N.

Für den Meridian 22° W ist:

$$z = \text{N } 52° \text{ W}, \quad s = \text{N } 12° \text{ W}, \quad s' = \text{N } 88° \text{ E}, \quad d = \text{N } 38° \text{ E}.$$

In einer geologischen Kartenskizze des östlichen Teils des oberkarbonischen Sedimentgebietes der westlichen Clavering-Insel im Maßstab 1:100000 von *Malmquist* (1932) weicht zwar eine N 3° Elich, längs des Garnetflusses streichende Verwerfung, die zugleich Kontakt zwischen unterem rotem Arkosensandstein und Gneis ist, um 15° rechts gedreht, von der typischen s-Richtung ab. Jedoch streichen zwei weitere Verwerfungen ($d\,s'$) auf dem Rustplateau unter Bildung eines typischen 50°-Winkels in den Richtungen N 38° E und N 86° W. Ferner folgt eine N 43° Wlich streichende Verwerfung nahezu der z-Richtung, die auch durch die Streichrichtung der Basaltkuppe des Halleberges und die Streichrichtung der Küste zum Ausdruck kommt.

Gletscherzungen auf der Clavering-Insel und in Nachbargebieten, 20°…24° W, 74°…74°45′ N.

Für den Meridian 20° W ist:

$$z = \text{N } 50° \text{ W}, \quad s = \text{N } 10° \text{ W}, \quad s' = \text{E-W}, \quad d = \text{N } 40° \text{ E}.$$

In *Ahlmanns* (1941, S. 193, Fig. 2) Skizzen im Maßstab 1:200000 der Schneegrenzen von Gletschern der Clavering-Insel im Jahre 1932 und im Jahre 1939 ist beim Auflegen des „Bruchschemas“, gemäß z = N 50° W, eine Abhängigkeit der Gletscherzungenrichtungen bzw. der Richtungen eis- oder schneefreier Streifen von den typischen Richtungen erkennbar.

Das gleiche trifft zu für die Gletscherzungen in *Mittelholzers* (1941, Tafel 2) Karte im Maßstab 1:490000 von Payer-Land, Wollaston-Vorland, der Clavering-Insel und Hudson-Land.

Geographical-Society-Insel, 21° 50′…24° 40′ W, 72° 40′…73° 05′ N.

Für den Meridian 23° W ist:

$$z = \text{N } 53° \text{ W}, \quad s = \text{N } 13° \text{ W}, \quad s' = \text{N } 87° \text{ E}, \quad d = \text{N } 37° \text{ E}.$$

In der im Maßstab 1:100000 luftphotogrammetrisch aufgenommenen, von *Lacmann* (1937, Karte 3) veröffentlichten topographischen Karte der Geographical-Society-Öya lassen sich neben zahlreichen Zuordnungen von Küstenlinien, langgestreckten kleinen Inseln, Tälern und Wasserläufen zu den typischen Richtungen besonders gut die im Kartenbild hervorgehobenen Steilhänge einbeziehen, z. B. im Stigdalen (zsd), nördlich des Herd-Fjellet (s'), zwischen Jelstrup-Överbye-Fjellet ($zs'd$), südwestlich des Oluf-Kolsrud-Fjellet (d), am Joakim-Passet ($s\,d$), am Südhang des Schwidefsky-Fjellet (s').

Nordküste der Halbinsel Hold-with-Hope, 21° 30′ W, 74° 04′ N.

Für den Meridian 21° W ist:

$$z = \text{N } 51° \text{ W}, \quad s = \text{N } 11° \text{ W}, \quad s' = \text{N } 89° \text{ E}, \quad d = \text{N } 39° \text{ E}.$$

Die Verwerfungen in *Niolsens* (1935, plate 1) geologischer Karte im Maßstab 1:25000 der Nordküste der Halbinsel Hold-with-Hope, östlich von Kap Stosch, lassen sich hinreichend genau zu den typischen Richtungen in Beziehung setzen, nämlich, von Südosten nach Nordwesten fortschreitend, die in Richtung N 43° E streichende Verwerfung bei den Höhen 589 und 599 zur d-Richtung, die fast 4 km lange, gleichfalls in Richtung N 43° E streichende Verwerfung im Tal des Blaaelv zur d-Richtung, die 1,5 km lange, in Richtung N 19° W streichende Verwerfung durch das Tal des Blokelv zur s-Richtung, die 1 km lange, in Richtung N 39° E streichende Verwerfung im Immacradal zur d-Richtung, die an die vorgenannte mit typischem 130°-Winkel anschließende, 1 km lange, in Richtung N 86° E streichende Verwerfung zur s'-Richtung und die 3 km lange, in Richtung N 55° W bzw. parallel zur Küste streichende Verwerfung zur z-Richtung.

Hudson-Land, 22°···25° W, 73°30'···74°15' N.

Für den Meridian 22° W ist:

$$z = \text{N } 52° \text{ W}, \quad s = \text{N } 12° \text{ W}, \quad s' = \text{N } 88° \text{ E}, \quad d = \text{N } 38° \text{ E}.$$

Bütlers (1940, Tafel 1) Übersichtskarte von Ole-Römer-Land, Hudson-Land und eines Teiles der Gauß-Halbinsel läßt erkennen, daß nicht nur die Richtungen von Fjorden und Gletscherzungen, sondern auch die Richtungen der durch Wasserläufe und Seen gekennzeichneten Niederungen sich weitgehend den typischen Richtungen des Bruchschemas zuordnen lassen. Beispiele sind das Johan-Davidsen-Tal (d), der Vibeke-Gletscher (z), der Vibeke-See (s z) und das Stor-Tal (z s z).

Die Zuordbarkeit des Netzes der von *Bütler* (1940, Tafel 2) für das gleiche Gebiet angegebenen Verwerfungen und Überschiebungen zu den typischen Richtungen wird, wie schon voranstehend erörtert wurde, dadurch etwas beeinträchtigt, daß eine zwischen der d- und der s-Richtung liegende Richtung deutlich hervortritt. Dieser Richtung folgen westlich des Loch-Fyne drei Verwerfungslinien und eine weitere in Strindberg-Land. Vielleicht gelingt der Nachweis, daß diese Richtungen sich aus kurzen Abschnitten in s- und d-Richtung zusammensetzen.

Eine geeignete Stelle für eine derartige Untersuchung ist das von *Säve-Söderbergh* (1934, Tafel 9 u. 5) beschriebene zentrale Gebiet der Gauß-Halbinsel im Maßstab 1:100000. Hier sind östlich und südlich des Mount Obrutschew und südwestlich des Mount Gunnbjörn sichere Verwerfungen in s- und d-Richtung festgestellt, während südlich des Mount Ramsay eine Verwerfung in z-Richtung und westlich sowie südlich des Mount Ramsay Verwerfungen in Richtung N-S und N 20° E vermutet werden. Diese N-S···N 20° Elich streichenden Verwerfungen von rund 25 km Länge kommen nach meinem Dafürhalten zur Feststellung in Frage, ob sie sich aus Abschnitten in s- und d-Richtung zusammensetzen.

Kerulf- und Dickson-Fjord, 28° W, 73° N.

Für den Meridian 28° W ist:

$$z = \text{N } 58° \text{ W}, \quad s = \text{N } 18° \text{ W}, \quad s' = \text{N } 82° \text{ E}, \quad d = \text{N } 32° \text{ E}.$$

Nach der Karte im Maßstab 1:50000 von *Boyd* (1932, pl. 3) laufen der Kerulf-Fjord parallel zur s'- und d-Richtung, der Dickson-Fjord parallel zur s'-Richtung und der Hissinger-Gletscher parallel zur d-Richtung.

Westteil des Kaiser-Franz-Joseph-Fjords,
27° 00' ··· 28° 40' W, 72° 45' ··· 73° 31' N.

Für den Meridian 28° W ist:

$z = \text{N } 58° \text{ W}, \quad s = \text{N } 18° \text{ W}, \quad s' = \text{N } 82° \text{ E}, \quad d = \text{N } 32° \text{ E}.$

Als auffälligstes Strukturelement in der Kartenskizze des inneren Endes des Franz-Joseph-Fjordes im Maßstab 1:500000 von *Odell* (1939) ist die 35 km lange Verwerfung längs des Gregory-Gletschers zu nennen. Sie streicht in Richtung N 27° E, also nahezu in *d*-Richtung, und trennt westlich liegende Petermann-Serien von östlich liegenden Gregory-Serien. Das westliche Ende des Franz-Joseph-Fjords streicht in Richtung N 87° E, also nahezu in *s'*-Richtung. Streifen von Glimmererde folgen vorwiegend der *z*-, der *s'*- oder der *d*-Richtung.

Scoresby-Land, 23° 00' ··· 24° 30' W, 71° 35' ··· 72° 20' N.

Für den Meridian 24° W ist:

$z = \text{N } 54° \text{ W}, \quad s = \text{N } 14° \text{ W}, \quad s' = \text{N } 86° \text{ E}, \quad d = \text{N } 36° \text{ E}.$

Die geologische Übersichtskarte von Scoresby-Land im Maßstab 1:25000 von *Bierther* (1941, S. 18···19, Tafel 1) zeigt westlich des Skeldals die bereits an Hand der Karte von *Koch* (1929, plate 2) erwähnte Karbonscholle, die im Westen von einer Verwerfung (*s*), im Süden von einem Basaltstreifen (*d*) und im Norden von der Küste (*z*) begrenzt ist.

Mesters-Vig, eine Bucht im Südufer des Kong-Oscar-Fjords, streicht in *d*-Richtung. Westlich von ihr befinden sich Verwerfungen in *z*- und in *d*-Richtung.

Nördlich des Graensedals, das sich in *s*-Richtung erstreckt und linksseitig von einer parallel laufenden Verwerfung begleitet ist, befinden sich jedoch auch zwei Verwerfungen, die ähnlich wie die oben erwähnten, in Hudson-Land in einer etwas östlich von der Nordrichtung abweichenden Richtung streichen, die also vermutlich ebenfalls sich aus kurzen Teilstücken in *s*- und *d*-Richtung zusammensetzen.

Jameson-Land, 21° 30' ··· 25° W, 70° 20' N.

Für den Meridian 23° W ist:

$z = \text{N } 53° \text{ W}, \quad s = \text{N } 13° \text{ W}, \quad s' = \text{N } 87° \text{ E}, \quad d = \text{N } 37° \text{ E}.$

Aus der Kartenskizze der Triasverbreitung in Jameson-Land im Maßstab 1:926000 von *Stauber* (1942, Tafel 4) sind nachfolgend einige Beispiele für Zuordnungen von Strukturrichtungen zu den typischen Richtungen angeführt.

Von der Bucht Antarctics-Havn (*d s*) gehen zwei Täler aus, nämlich das sich längs einer Verwerfung erstreckende Kolledalen (*s'*) und das Flexurdal (*s*).

Der Fleming-Fjord und der Nathorst-Fjord sind parallel zur *d*-Richtung gerichtet. Auf der zwischen den Fjorden gelegenen Halbinsel streichen zwei Verwerfungen in *s*-Richtung. Der zwischen diesen Verwerfungen liegende Streifen kontinentaler Trias (*d s*) bildet einen typischen 130°-Winkel.

Zwischen dem Kristiern-Nielsen-Dal und dem Øystred-Dal (*d s'*) befindet sich ein typischer 50°-Winkel, der durch einen Streifen der Bunten Serie der Triasformation noch hervorgehoben wird.

*

Als Hauptrichtung von steilen, 1···8 m mächtigen Basaltgängen in Jameson-Land tritt nach *Stauber* (1940, S. 26···28) die Ostwestrichtung auf, die gut der *s'*-Richtung des Bruchschemas entspricht. *Stauber* zieht in Betracht, daß diese Gänge Grönland bis zur Disko-Insel quer durchsetzen.

Im Hinblick auf *Kruegers* (1929, S. 17, Fig. 12) Kartenskizze der produktiven Eisströme des grönländischen Inlandeises ins Meer halte ich eher die in Abb. 17 durch gestrichelte Linien parallel zur *z*- bzw. *s'*-Richtung gekennzeichneten drei Bruchlinien quer durch Grönland für wahrscheinlich vorhanden. In unmittelbarer Nähe der nördlichen und der südlichen dieser Linien liegen die in einer weiteren Skizze von *Krueger* (1929, S. 12, Fig. 10) angegebenen höchsten Kuppen des Inlandeises, die sich somit durch Aufstauung des in die mutmaßlichen Querrinnen einströmenden Inlandeises erklären würden.

Jameson-Land, südlich von Kap Tepham, und Milne-Land, 69° 25'···71° 20' N.

Für den Meridian 22° W ist:

$z = \text{N } 52° \text{ W}, \quad s = \text{N } 12° \text{ W}, \quad s' = \text{N } 88° \text{ W}, \quad d = \text{N } 38° \text{ W}.$

Die wichtigsten Zuordnungen in der von *Koch* (1929, plate 1) im Maßstab 1:1000000 gebrachten, von *A. Rosenkrantz* und *T. Harris* 1926/27 aufgenommenen geologischen Karte „East-Greenland I" betreffen Milne-Land und die Rosenvinge-Bai.

In Milne-Land folgt die Grenze zwischen Archaikum und oxfordischen bzw. portlandischen Sedimenten der *d*-Richtung.

Am Westufer der Rosenvinge-Bai sind zwei Verwerfungen in *z*-Richtung und je eine Verwerfung in *s'*- bzw. angenähert in *d*-Richtung eingezeichnet, die metamorphosiertes (kaledonisches?) Gestein, Permtrias, Lias und Alluvium voneinander trennen.

Kangerdlugsuak-Gebiet, 28°···34° W, 67° 45'···69° 40' N.

Für den Meridian 30° W ist:

$z = \text{N } 60° \text{ W}, \quad s = \text{N } 20° \text{ W}, \quad s' = \text{N } 80° \text{ E}, \quad d = \text{N } 30° \text{ E}.$

In der Kartenskizze des Kangerdlugsuak-Distrikts und von Knud-Rasmussen-Land im Maßstab 1:1250000 von *Wager* (1937, S. 403, Fig. 3) lassen sich viele Zuordnungen zu den typischen Richtungen vornehmen, z. B. Kangerdlugsuak-Fjord (*s z s*) mit den Seitenfjorden Courtauld-Fjord (*d*) und Amdrup-Fjord (*z*), Kangerdlugsuak-Gletscher (*z*), Nordfjord-Gletscher (*s*), Gebirge (*d*) südlich des Christian-IV.-Gletschers, Gronau-Nunatakker (*s*) usw.

Kangerdlugsuak-Mündung, 31° 00' ··· 32° 30' W, 68° ··· 69° N.

Für den Meridian 32° W ist:

$z = \text{N } 62° \text{ W}, \quad s = \text{N } 22° \text{ W}, \quad s' = \text{N } 78° \text{ E}, \quad d = \text{N } 28° \text{ E}.$

In größerem Maßstabe, 1:250000 bzw. 1:200000, zeigt die von *Spender* (1939 bzw. 1933) beschriebene Höhenlinienkarte die Umgebung des Fjordes Kangerdlugsuak. Die auffälligste Zuordnung in diesem Maßstabe ist die dreieckige Halbinsel mit der Höhe 810 zwischen dem Kangerdlugsuak- und dem Amdrup-Fjord. Die Begrenzungslinien dieser Halbinsel laufen parallel zur *z*-, *s*- und *d*-Richtung, so daß typische Winkel von 40°, 50° und 90° entstehen; vgl. Abb. 19.

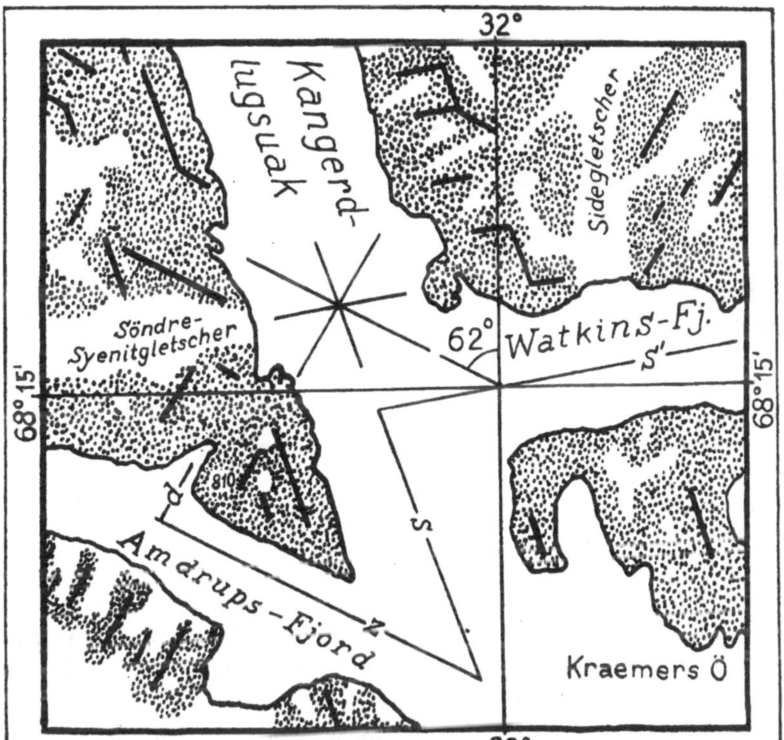

Abb. 19. Zuordnung der Richtungen von Fjorden, Berggraten und Gletscherzungen zum grönländischen Bruchschema. Schematisierter Ausschnitt aus Blatt 68 Ö. 3 der Karte von Grönland im Maßstab 1 : 250000. Punktiert: schneefreies Gelände. Starke Linien: Berggrate.

In einer weiteren, hier als Abb. 20 vereinfacht wiedergegebenen Karte von *Spender* (1939) sind auffällig viele Zuordnungen zu den typischen Richtungen möglich, vor allem von schneefreien gerichteten Strukturen, wie Gebirgskämmen und Nunatakkern. Beispielsweise treten als Streichrichtung des Gebirgskammes bei den südlich des Courtauld-Gletschers liegenden Lemons-Bergen die Richtungen *s'* und *d* unter Bildung eines

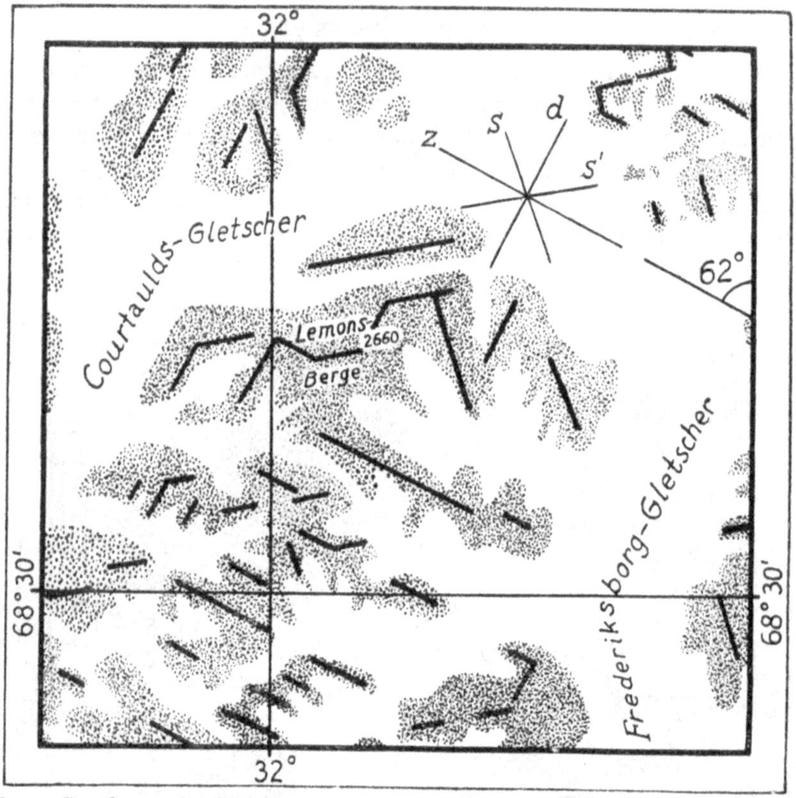

Abb. 20. Zuordnung der Richtungen von Gletscherzungen. Berggraten und Nunatakkern zum grönländischen Bruchschema. Schematisierter Ausschnitt aus Blatt 68 Ö. 3 der Karte von Grönland im Maßstab 1 : 205 000.
Punktiert: schneefreies Gelände. Starke Linien: Berggrate.

typischen 130°-Winkels im Westen des Gebirgsblockes auf, während im Osten des Gebirgsblockes die *s*-Richtung und im Süden die *z*-Richtung als Kammrichtung in Erscheinung treten.

An der Küste östlich des Kangerdlugsuak streicht nach *Wager* u. *Deer* (1939, S. 19···20, Fig. 2) eine Schar von parallelen Gängen basischen Gesteins nahezu in *s'*-Richtung, während westlich des Kangerdlugsuak eine zweite Schar von parallelen Gängen in *d*-Richtung streicht.

Mount-Forel-Gebiet, 36° 42′ W, 66° 53′ N.

Für 36° 30′ W ist:

$z = \text{N } 66^1/_2{}^\circ \text{ W}, \quad s = \text{N } 26^1/_2{}^\circ \text{ W}, \quad s' = \text{N } 73^1/_2{}^\circ \text{ E}, \quad d = \text{N } 23^1/_2{}^\circ \text{ E}.$

In der von *Stephenson* (1932, plate S. 96/97) gebrachten topographischen Karte im Maßstab 1:100000 des rund 100 km von der Küste entfernt liegenden Mount Forel und seiner Umgebung streichen in bzw. nahezu in *s′*-Richtung der South Mount und die sich westlich anschließende Erhebung Little Forel. Angenähert parallel zur *s*-Richtung läuft der Osthang des Adaza Ridge. Der Westhang des Mount Flat Top streicht ebenfalls in *s*-Richtung. Die Hänge des westlich davon liegenden Almost Flat Top laufen parallel zur *d*-, *s′*- und *s*-Richtung. Sämtliche genannten Strukturen waren zur Zeit der Kartenaufnahme schneefrei.

Tugtilik-Gebiet, 34° 50′ ··· 35° 20′ W, 66° 15′ ··· 66° 25′.

Für den Meridian 35° W ist:

$z = \text{N } 65^\circ \text{ W}, \quad s = \text{N } 25^\circ \text{ W}, \quad s' = \text{N } 75^\circ \text{ E}, \quad d = \text{N } 25^\circ \text{ E}.$

Die von *Rymill* (1934) aufgenommene topographische Karte mit Höhenschichtlinien im Maßstab 1:100000 der Umgebung der Fjorde Tugtilik und Nigertusok, von denen der zuerst angeführte auch Lake-Fjord genannt wird, läßt vor allem die *z*-Richtung hervortreten; vgl. mit Skizze, Abb. 21. Die zwischen den beiden Fjorden in *z*-Richtung sich erstreckende Halbinsel hat angenähert rechteckige Gestalt. Ihre Breitenrichtung stimmt ungefähr mit der *d*-Richtung überein. Auf der Landseite der Halbinsel befindet sich ein T-förmiger, in *z*- und *d*-Richtung streichender Gletschersee. Entsprechend den Höhenlinien der Originalkarte sind in Abb. 21 Gebirgsgrate und Steilabfälle angedeutet. Die Streichrichtungen dieser Strukturen lassen sich fast durchweg gut den vier typischen Richtungen zuordnen.

Gebiet um Angmagssalik, 33° 00′ ··· 38° 10′ W, 65° 30′ ··· 67° 20′ N.

Für den Meridian N 35° W ist:

$z = \text{N } 65^\circ \text{ W}, \quad s = \text{N } 25^\circ \text{ W}, \quad s' = \text{N } 75^\circ \text{ E}, \quad d = \text{N } 25^\circ \text{ E}.$

Eine Pflanzenfundstätten betreffende Kartenskizze im Maßstab 1:500000 von *Kruuse* (1912, Tavle 4) ermöglicht die Überprüfung und Bestätigung der bereits an Hand der Karte (1926) im Maßstab 1:2000000 vorgenommenen Zuordnungen geographischer Strukturen zu den typischen Richtungen im Gebiete um Angmagssalik.

Nach *Kruuses* (1912, Tavle 1) Kartenskizze des Fjordes Kingorsuak (37° 10′ W, 66° 08′ N) im Maßstab 1:60000 ergibt sich als Hauptstreichrichtung dieses Fjordes die *s*-Richtung.

In *Kruuses* Tavle 4 läßt sich der Fjord Tunok dem Bruchschema nicht zuordnen. Hingegen ist aus *Kruuses* (1912, Tavle 2) Kartenskizze des Tunok im Maßstab 1:40000 zu ersehen, daß die Halbinsel am Nordostende des Tunok mit Fundstellen von Sedum acre und die westlich von ihr liegende Halbinsel sich in *s*-Richtung erstrecken.

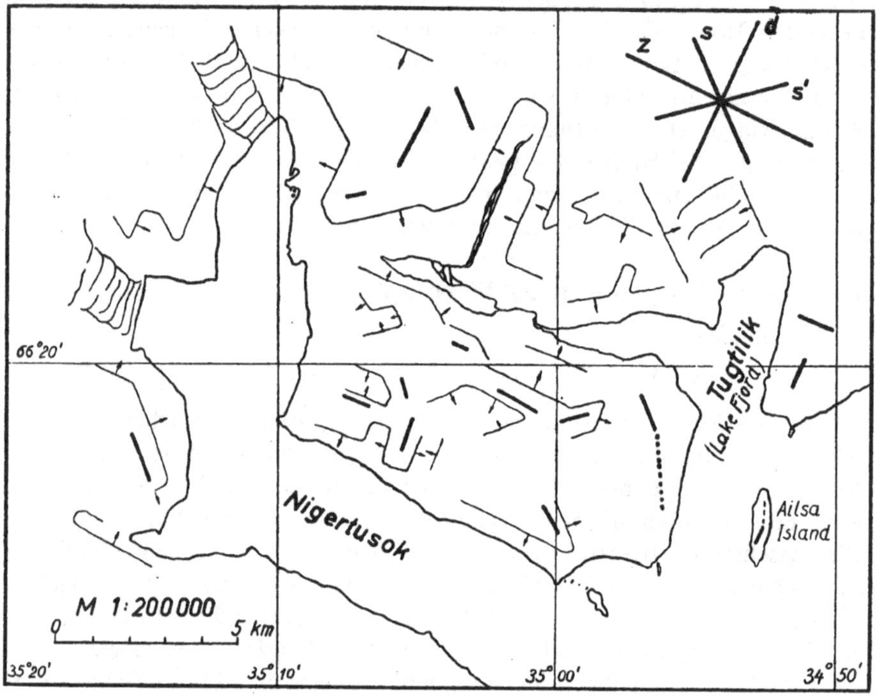

Abb. 21. Umgegend der Fjorde Tugtilik und Nigertusok in Südost-Grönland nach *Rymill*. Zahlreiche Felsgrate, Gletscherzungen und Steilhänge streichen angenähert parallel zu typischen Richtungen, wenn das Bruchschema entsprechend $z = N\ 65°\ W$ orientiert ist.

Transparentdrucke von Abb. 19 ··· 21 zum Auflegen auf die Originalkarten befinden sich in der Tasche des hinteren Umschlagdeckels.

In der Vegetationskarte des Gebietes an der Bucht Tasiusak, an der die Siedlung Angmagssalik liegt, streichen westlich von Angmagssalik drei Seen samt ihren Abflüssen in *s*-Richtung.

König-Oscar-Hafen, 37° 30′ W, 65° 35′ N.

Für den Meridian 37° W ist:

$$z = N\ 67°\ W, \quad s = N\ 27°\ W, \quad s' = N\ 73°\ E, \quad d = N\ 23°\ E.$$

In der von *C. J. O. Kjellström* während der von Nordenskjöld (1886, Seite 384, Karte 4) geleiteten Schwedischen Grönland-Expedition 1883 aufgenommenen Karte des König-Oscar-Hafens im Maßstab 1:100000 fallen die folgenden geradlinigen Strukturen auf: Tal (s) von mindestens 5 km Länge zwischen Vegas Fjell und Sofias Fjell; Halbinsel ($s\ s'$) von L-förmiger Gestalt mit Kap Hörring am Südende und einer Bucht (s') am Nordende, der zwei Inseln (s') vorgelagert sind; Fjord ($d\ s$) östlich von Kap Hörring bzw. westlich des Polhems Fjell; zwei Halbinseln ($s\ s'$), die die Einfahrt des König-Oscar-Hafens bilden.

332 Südwestgrönland

Julianehaab-Distrikt, 45°···49° W, 60°···61°30′ N.

Für den Meridian 47° W ist:

$$z = \text{N } 77°\text{ W}, \quad s = \text{N } 37°\text{ W}, \quad s' = \text{N } 63°\text{ E}, \quad d = \text{N } 13°\text{ E}.$$

Wegmann hat im Fjordgebiet des Julianehaab-Distrikts vulkanische Gänge aufgenommen und eine zum Teil sehr alte Klüftung festgestellt. In einer Kartenskizze des Arsuk-Gebiets zwischen 48° W und 48°40′ W im Maßstab 1:263000 gibt *Wegmann* (1938, S. 18, Fig. 2) schematisch das System der basischen Gänge der Gardarformation an. Als Zuordnungsrichtungen kommen vor allem die s-Richtung N 38° W und die s'-Richtung N 62° E in Frage.

In einer weiteren Kartenskizze in demselben Maßstab hat *Wegmann* (1938, S. 107, Fig. 58) die Richtungen junger Gänge im Gebiet der Sydpröven-Halbinsel zwischen 45° W und 46° W eingezeichnet. Wenngleich abweichende Richtungen mit vorhanden sind, können doch die oben angegebenen typischen Richtungen als vorherrschend betrachtet werden.

Das System der jüngeren Gänge im gesamten untersuchten Gebiet ist in einer Kartenskizze im Maßstab 1:1520000 von *Wegmann* (1938, plate 6) angegeben. Besonders gut lassen sich die Gangrichtungen den vier typischen Richtungen zuordnen im Gebiet der nördlich von Julianehaab gelegenen, aus der von *Wegmann* (1938, plate 1) gebrachten topographischen Karte im Maßstab 1:610000 ersichtlichen großen Fjorde Ikersuak (Brede Fjord), Sermilik, Skovfjord und Kangerdluarsuk, deren allgemeine Streichrichtung mit der s'-Richtung zusammenfällt. Die Übereinstimmung von Verwerfungsrichtungen mit den typischen Richtungen in diesem Gebiet geht aus Ausführungen von *Ussing* (1912, S. 288···291, Fig. 25, und S. 264, Fig. 24) hervor.

Da *Wegmann* in seinen Skizzen leider die Mercatorprojektion anwendet, ist die Überprüfung mit dem „Bruchschema" (Tafel 1) etwas erschwert; denn das betrachtete Gebiet hat eine Breite von mehr als vier Längengraden, so daß die typischen Richtungen an seinem Ost- und Westrand, bezogen auf die Nordrichtung, um 4° voneinander abweichen. Interessant ist in diesem Zusammenhang, daß bei dem Deutungsversuch von *Wegmanns* Gangsystem durch *Sonder* (1938, S. 216, Fig. 8) das der s- und s'-Richtung entsprechende *asiatische Lineament* am Ostrand des Gebietes in dem gleichen Sinne gegen das gleichfalls der s- und s'-Richtung entsprechende *atlantische Lineament* am Westrand des Gebietes verdreht ist, wie die typischen Richtungen am Ost- und Westrand, also beispielsweise wie die z-Richtung N 75° W am Ostrand in die z-Richtung N 79° W am Westrand. Allerdings ist zu berücksichtigen, daß bei *Sonders* Lineamenten die beiden ein Lineament bildenden Richtungen aufeinander senkrecht stehen, während die s- und die s'-Richtung einen Winkel von 80° bzw. 100° miteinander bilden.

Für ungefähr das gleiche Gebiet vergleicht *Krueger* (1929, S. 4…7, Fig. 5…8) einen Richtungsstern der Küstenlinien unter besonderer Berücksichtigung der Fjorde mit Richtungssternen von Gesteinsgängen, nämlich Diabasgängen in archaischem Gestein und Basaltgängen in jungen Sedimenten, behält sich jedoch weitere Messungen vor, ehe er ein endgültiges Urteil abgeben will. *Kruegers* (1929, Fig. 5) Schematisierung der Küstenrichtungen spricht für die hier vorgetragene Ansicht.

Gebiet des Safartok-Flusses, 51°02'…52°18' W, 66°10'…66°34' N.

Für den Meridian 52° W ist:

$$z = \text{N } 82° \text{ W}, \quad s = \text{N } 42° \text{ W}, \quad s' = \text{N } 58° \text{ E}, \quad d = \text{N } 8° \text{ E}.$$

In der von *Mott* (1937) gebrachten Kartenskizze des Safartokfluß-Distrikts im Maßstab 1:253000 laufen die einzelnen geradlinigen Abschnitte des Safartokflusses parallel zu typischen Richtungen, nämlich, von der Mündung in den Søndre-Strømfjord aus gerechnet, nacheinander in der z-, s-, d-, s-, s'- und in der s-Richtung beim Ausfluß aus dem Tasersiak-See, der sich auch in typischen Richtungen, nämlich der s- und s'-Richtung, erstreckt. Nahe der Mündung des Safartok-Flusses fließt ihm linksseitig der Snowy River zu, dessen Bett parallel zur s-Richtung gerichtet ist.

Umgebung des Maligiak-Fjordes, 50°…52°20' W, 67°…67°10' N.

Für den Meridian 50° W ist:

$$z = \text{N } 80° \text{ W}, \quad s = \text{N } 40° \text{ W}, \quad s' = \text{N } 60° \text{ E}, \quad d = \text{N } 10° \text{ E}.$$

Eine Kartenskizze der Umgebung des Maligiak-Fjordes im Maßstab 1:625000 von *Nordenskjöld* (1914, Karte 2, S. 433) zeigt zwischen dem Maligiak-Fjord, der der s'-Richtung folgt, und dem parallel zur d-Richtung laufenden Rande des Inlandeises ein Tal mit zahlreichen Seen, die parallel zur s'-Richtung gerichtet sind.

Torssukatat-Eisfjord und Umgebung, 51° W, 70° N.

Für den Meridian 51° W ist:

$z = N\ 81°\ W, \quad s = N\ 41°\ W, \quad s' = N\ 59°\ E, \quad d = N\ 9°\ E.$

Porsild (1919) bringt nach der Karte von *R. Hammer* und *M. C. Engell* eine Kartenskizze des Torssukatat im Maßstab 1:435000; vgl. Abb. 22. An der Südseite der Mündung des in s'-Richtung streichenden Torssukatat liegt die dreieckige Insel Niaqornaq. Ganz ähnlich wie bei der in Abb. 19

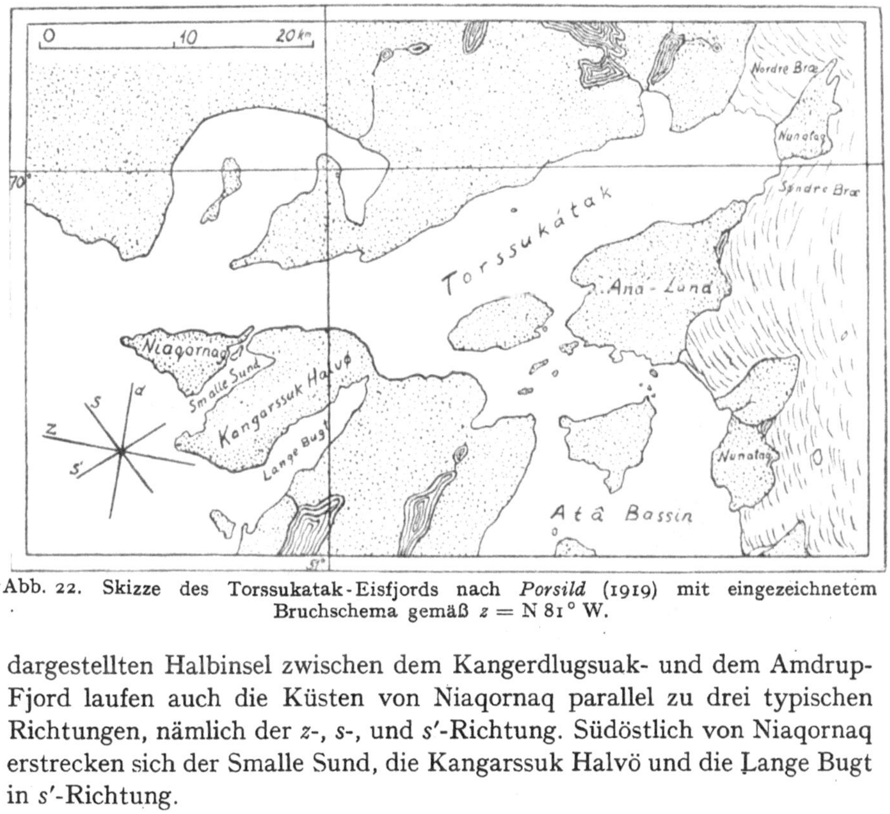

Abb. 22. Skizze des Torssukatak-Eisfjords nach *Porsild* (1919) mit eingezeichnetem Bruchschema gemäß $z = N\ 81°\ W$.

dargestellten Halbinsel zwischen dem Kangerdlugsuak- und dem Amdrup-Fjord laufen auch die Küsten von Niaqornaq parallel zu drei typischen Richtungen, nämlich der z-, s-, und s'-Richtung. Südöstlich von Niaqornaq erstrecken sich der Smalle Sund, die Kangarssuk Halvö und die Lange Bugt in s'-Richtung.

333 Nordwestgrönland

Umgebung der Disko-Bucht und des Umanak-Fjordes, 50°···57° W, 66° 30'···73° N.

Für den Meridian 53° W (Insel Disko) ist:

$z = N\ 83°\ W, \quad s = N\ 43°\ W, \quad s' = N\ 57°\ E, \quad d = N\ 7°\ E.$

In *Kruegers* (1930) geologischer Skizze von Disko und Umgebung im mittleren Maßstab 1:1520000 lassen sich den geltenden typischen Richtungen gut zuordnen: Basalttuffstufen im Südosten der Halbinsel Svartenhuk (*sd*) und an der Südwestküste der Halbinsel Nugsuak (*s*), sowie ferner die Grenzen von Sedimenten der Oberen Kreide und des Tertiärs gegen Basalt auf der Halbinsel Nugsuat (*s*) am Sund Weigat (*s*) und an der Südostküste von Disko (*s'*).

Leider kann infolge der Darstellung in Mercatorprojektion eine Nachprüfung der zahlreichen auf dem Deckblatt zur geologischen Skizze von *Krueger* (1930) eingetragenen Spalten durch Auflegen des „Bruchschemas" nicht erfolgen. Das ist auch insofern überflüssig, als *Krueger* (1930, S. 117, Fig. 6 u. 7) sowohl einen Richtungsstern seiner Kluftmessungen als auch einen Richtungsstern der Fjord- und Küstenlinien bringt; vgl. Abb. 23a und Abb. 23b. Diese Richtungssterne stimmen gut überein mit dem nach Zahlentafel 2 für das Gebiet von Disko (53° W) gezeichneten schematischen Kluftstern nach Abb. 24.

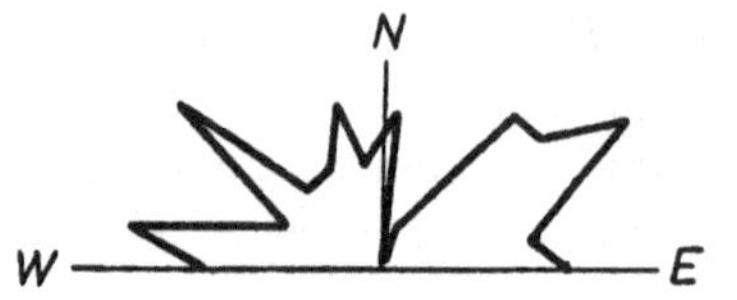

Abb. 23a. Kluftstern für Disko und Umgebung nach *Krueger* (1930).

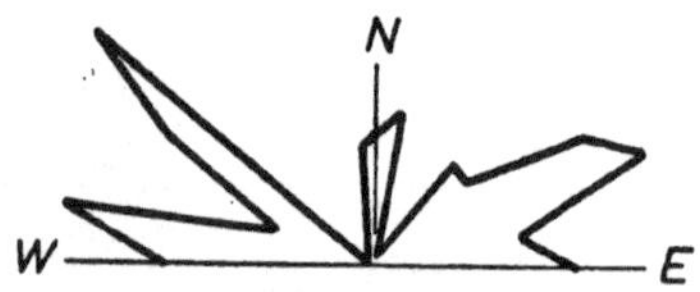

Abb. 23b. Richtungsstern der Fjord- und Küstenlinien für Disko und Umgebung nach *Krueger* (1930).

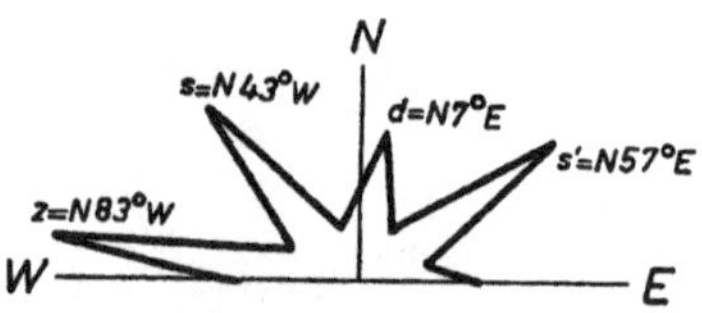

Abb. 24. Schematischer, für ganz Grönland geltender Kluftstern, bezogen auf den Meridian 53° W (z = N 83° W).

Krueger (1930, S. 114) hebt hervor, daß bereits *Kornerup* (1876/78) Kluft- und Gangmessungen im gleichen Gebiet vornahm und schreibt hierüber: „*Die senkrechte oder spießwinklige Anordnung der Kluftsysteme mit ihrem Einfluß auf die Oberflächengestaltung wurde von ihm (A. Kornerup) ganz richtig erkannt und eingehend beschrieben.*" Wie recht *Krueger* hiermit hat, ist daraus ersichtlich, daß beispielsweise die 58 von *Kornerup* (1876/78, S. 90···93) ausgemessenen Diabasgänge sich ohne Zwang dem Richtungsstern nach Abb. 24 zuordnen lassen. Und zwar streichen:

in *z*-Richtung N 83° W oder angenähert zu ihr	31 Diabasgänge
in *s*-Richtung N 43° W oder angenähert zu ihr	3 Diabasgänge
in *s'*-Richtung N 57° E oder angenähert zu ihr	2 Diabasgänge
in *d*-Richtung N 07° E oder angenähert zu ihr	7 Diabasgänge
gleichlaufend zu typischen Richtungen	43 Diabasgänge
abweichend von den typischen Richtungen	12 Diabasgänge

Einen Kluftstern der Messungen *Kornerups* bringt *Krueger* (1929, S. 4, Fig. 1).

In *Kruegers* (1930, S. 116, Fig. 5) Projektion der oberen Lagenkugelhälfte mit den Durchstichpunkten von rund 1000 von ihm vermessenen

Klüften tritt vor allem die s'-Richtung mit steil und flach fallenden Klüften sowie die z-Richtung mit flach fallenden Klüften hervor.

Krueger (1930, S. 118) ist auch der Meinung, daß die von ihm „*geschilderten Klüfte nicht nur die erblichen Grundlagen für die Klüftung der jüngeren Schichten, sondern bis in die Jetztzeit hinein formbestimmend geblieben sind.*“

Melville Bay, 56°…67° W, 74°23'…76°25' N.

Für den Meridian 60° W ist:

$$z = \text{E-W}, \quad s = \text{N } 50° \text{ W}, \quad s' = \text{N } 50° \text{ E}, \quad d = \text{N-S}.$$

Die von *Koch* (1927) beschriebene topographische Karte der Melville-Bai zwischen Wilcox-Point und Kap York im Maßstab 1:500000 ermöglicht die folgenden Zuordnungen:

Zwei Nunatakker (s') auf der Halbinsel mit Kap York, Küstenfelsen bei Kap Melville (d z) unter Bildung von typischen 90°-Winkeln, Küstenfelsen bei Kap Murdock (s d) unter Bildung eines typischen 50°-Winkels, Halbinsel Red-Head (s').

Gebiet zwischen Kap York und Kap Alexander, 65°…73° W, 75°50'…78°10' N.

Für den Meridian 70° W ist:

$$z = \text{N } 80° \text{ E}, \quad s = \text{N } 60° \text{ W}, \quad s' = \text{N } 40° \text{ E}, \quad d = \text{N } 10° \text{ W}.$$

Die geologische Kartenskizze des Gebietes zwischen Kap York und Kap Alexander im mittleren Maßstab 1:2000000 von *Koch* (1925, S. 333, Fig. 1) ist infolge der Darstellung in Mercatorprojektion zwar nicht sehr geeignet zur Überprüfung des grönländischen Bruchnetzes. Immerhin überwiegt nicht die Zahl der abweichend streichenden Verwerfungen, die namentlich an der Olriks-Bai vorherrschen, sondern die Zahl der Verwerfungen, die sich dem behaupteten Bruchschema zuordnen lassen. Beispiele hierfür sind: De-Dödes-Fjord (d), die Küste südlich von Kap Atholl (d s z), die Saunters-Insel (z s s'), die Granville-Bai (s'), die Südküste des Inglefield-Golfes (s s' z), die Northumberland-Insel (z s d s'), die Herbert-Insel (z s d).

Prudhoe-Land, 68°…73° W, 77°30'…78°15' N.

Für den Meridian 70° W ist:

$$z = \text{N } 80° \text{ E}, \quad s = \text{N } 60° \text{ W}, \quad s' = \text{N } 40° \text{ E}, \quad d = \text{N } 10° \text{ W}.$$

Wesentlich einwandfreier bestätigt *Kochs* (1925, S. 334, Fig. 2) geologische Kartenskizze von Prudhoe Land im Maßstabe 1:870000 das grönländische Bruchnetz. In s-Richtung streichen drei Verwerfungen, von denen zwei etwa 100 km lang sind. Die am weitesten nördlich gelegene dieser Verwerfungen biegt im Westen in die d-Richtung um. Die am weitesten südlich gelegene von ihnen biegt im Osten um in die *z*-Richtung. Fjorde streichen vorwiegend in *s'*-, aber auch in *z*- und in *d*-Richtung. Die Halbinsel mit Kap Alexander erstreckt sich in *z*-Richtung. Diabasgänge streichen in typischen Richtungen, vorwiegend in *z*-, aber auch in *d*- und in *s'*-Richtung.

Washington-Land, 63° 45' ⋯ 67° 30' W, 80° N.

Für den Meridian 65° W ist:

$$z = \text{N } 85° \text{ E}, \quad s = \text{N } 55° \text{ W}, \quad s' = \text{N } 45° \text{ E}, \quad d = \text{N } 5° \text{ W}.$$

Aus *Kochs* (1929 a, plate 3) geologischer Kartenskizze der Südküste von Washington-Land im Maßstab 1:300000 ergeben sich die folgenden Zuordnungen: Troedsson-Cliffs (*z d*), Wright-Bay (*d s'*), Cass-Fjord (*d z*), Halbinsel mit Kap Clay (*z*).

Gebiet zwischen Nyboe-Land und Peary-Land, 38° ⋯ 56° W, 81° ⋯ 83° 20' N.

Für den Meridian 50° W ist:

$$z = \text{N } 80° \text{ W}, \quad s = \text{N } 40° \text{ W}, \quad s' = \text{N } 60° \text{ E}, \quad d = \text{N } 10° \text{ E}.$$

Die von *Koch* (1927) beschriebene topographische Karte von Nordgrönland im Maßstab 1:500000 ermöglicht die folgenden Zuordnungen von typischen Richtungen zu Strukturen der Karte bzw. Aufhebungen von in Abschnitt 2 festgestellten Abweichungen von den typischen Richtungen (Nares-Land, Chipp-Sund): Ostküste von Nyeboes-Land (*d*) bzw. St.-George-Fjord (*d*), Seitenfjord des St.-George-Fjordes bei Kap Hunt (*z*), Ostwand des Dreyers-Firn (*d*), Westrand von Midgaardsormen (*d*), Schlucht Djaevleklöften (*s'*), Harte-Sund (*s*), Westküste von Hendriks-Ö (*s d*) mit typischem 130°-Winkel, Victoria-Fjord (*s*) bzw. Westrand von Nares-Land (*s*), Jungersens-Gletscher (*s*), die Insel Elison-Ö (*s*), Chipp-Sund (*s*), Mascart-Inlet (*s*), Jewell-Fjord (*s*), Th.-Thomsens-Fjord (*d s*) mit typischem 50°-Winkel, Ad.-Jensens-Fjord (*s z d*).

334 Nordostgrönland

Peary-Land, 20° W ⋯ 50° W, 81° N ⋯ 83° N.

Für den Meridian 40° W ist:

$$z = \text{N } 70° \text{ W}, \quad s = \text{N } 30° \text{ W}, \quad s' = \text{N } 70° \text{ E}, \quad d = \text{N } 20° \text{ E}.$$

In *Kochs* (1940, plate 12 mit Namensergänzung aus plate 13) vorwiegend auf Flugkartierung beruhender Karte von Peary-Land im Maßstab 1:1000000 ergeben sich unter anderem die folgenden Zuordnungen zu den typischen Richtungen: Nordenskjøld-Fjord (*s*) mit Jungersen-Gletscher (*s*), Nordwestteil von Freuchen-Land mit typischem 40°-Winkel, Hensons-

Gletscher (*d*) mit Fortsetzung nördlich des J.-P.-Koch-Fjordes, Bøggilds-Fjord (*s z*) mit Nordpasset (*z*), Frederick-E.-Heyde-Fjord (*d s'*) mit den Seitenfjorden Frigg-Fjord (*d*) und Freja-Fjord (*d*), Asmild-Elv (*d*), Wandels-Dal (*z*), Hobbs-Gletscher (*s'*).

Kronprins-Christian-Land, 28° W···12° W, 79° N···83° N.

Für den Meridian 20° W ist:

$$z = \text{N } 50° \text{ W}, \quad s = \text{N } 10° \text{ W}, \quad s' = \text{E-W}, \quad d = \text{N } 40° \text{ E}.$$

Die als Ergebnis der Dreijahresexpedition 1931/34 unter der Führung von *Koch* (1940, plate 16) von ihm unter Verwendung der Vermessungen früherer Expeditionen aufgenommene Karte von Kronprins-Christian-Land im Maßstab 1:1000000 legt die folgenden Zuordnungen nahe: Hagens-Fjord (*s' s*), Prinsesse-Thyras-Ö (*s*), Prinsesse-Margrethe-Ö (*s*), Zig-Zag-Dal (*s' d z s' d*) zwischen Mylius-Erichsens-Land und Denmark-Fjord, südwestlicher Teil des Denmark-Fjordes (*d*), Sjaelland-Fjaeldene (*d*), Alexandrine-Bjaergene (*d*), Lambert-Land (*s d z*).

Im zentralen Teil der Karte von *Koch* (1940, pl. 16), nämlich im Gebiet um den Schnittpunkt von 20° W und 80° 30' N, kommt das behauptete Richtungsschema nicht gut zum Ausdruck. Der Grund hierfür ist die Ungenauigkeit der Karte vom Jahre 1933.

Aus *Nielsens* (1941, pl. 1) Karte dieses Gebietes im Maßstab 1:500000 geht die Abhängigkeit der topographischen Struktur von dem entsprechend z = N 50° W orientierten Bruchschema zweifelsfrei hervor. Beispielsweise laufen parallel zur *d*-Richtung das Vendredalen mit dem Nunatame-Elv und das Taage-Fjaeldene, während das Södalen und der Ingolf-Fjord zwischen Hjörne- und Spaerre-Gletscher in *z*-Richtung streichen; vgl. Abb. 25.

Gebiet zwischen Germania-Land und Shannon-Insel, 22° W, 74° 55'···76° 50' N.

Für den Meridian 22° W ist:

$$z = \text{N } 52° \text{ W}, \quad s = \text{N } 12° \text{ W}, \quad s' = \text{N } 88° \text{ E}, \quad d = \text{N } 38° \text{ E}.$$

In *Kochs* (1929, plate 4) geologischer Kartenskizze „Ostgrönland IV" ist ungefähr das gleiche Gebiet wie in Abb. 18 im Maßstab 1:1000000, also linear doppelt so groß, wiedergegeben. Alle geologischen Grenzen lassen sich mehr oder weniger gut den typischen Richtungen zuordnen. Beispielsweise verlaufen in Carlsbergfondets-Land die Grenze zwischen Algonkium und (kaledonischem?) metamorphosiertem Gestein in *z*-Richtung, auf der Insel Store-Koldewey die Grenze zwischen gefalteten Sedimenten und metamorphosiertem Gestein (beide vermutlich kaledonischen Alters) in *d*-Richtung, im Hochstetter-Vorland die Grenze zwischen Quartär und

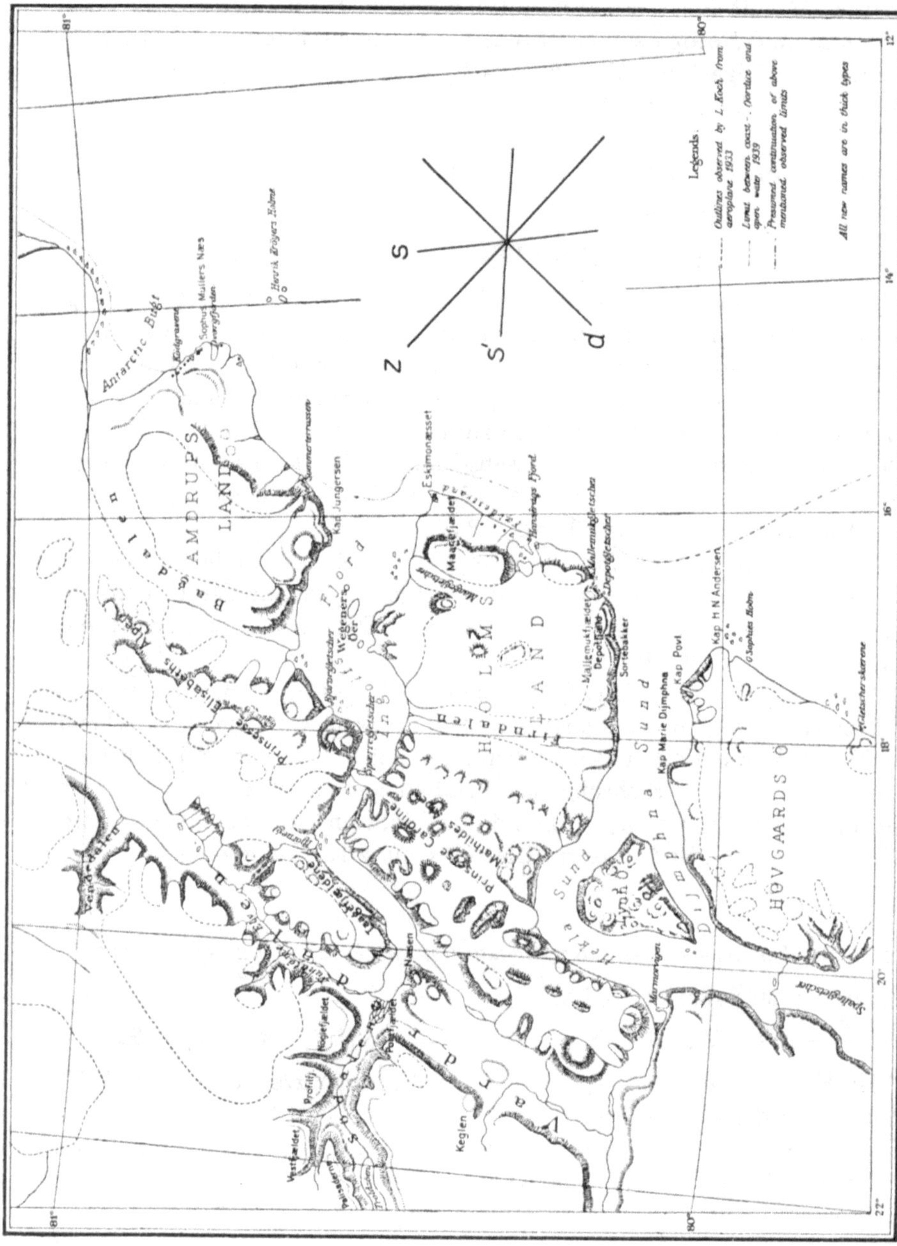

Abb. 25. Südteil von Kronprins-Christian-Land nach *Nielsen* (1941) mit Richtungsstern gemäß z = N 50° W für den Meridian 20° W.

Algonkium in *d*-Richtung, auf der Shannon-Insel die Grenze zwischen tertiärem Basalt und (kaledonischem?) metamorphosiertem Gestein in *s'*-Richtung, östlich der Barth-Mountains die Grenze zwischen (kaledonischem?) metamorphosiertem Gestein und Quartär mehrfach wechselnd in *s*- und *d*-Richtung gerade so, wie ich es für den Nordteil der Kochschen Linie vermute.

Kochs (1929, plate 5) geologische Teilskizzen der Insel Store-Koldewey im Maßstab 1:500000 bzw. 1:125000 festigen die bereits im Abschnitt 324 erhaltenen Ergebnisse. Als Streichrichtung herrschen die *s*- und die *s'*-Richtung vor. Zum Beispiel laufen vier dem bereits erwähnten Troekpasset analoge steilwandige Schluchten parallel zur *s'*-Richtung. An der Ostküste von Store-Koldewey sind in Kochs Skizze im Maßstab 1:500000 zwei in *s'*-Richtung streichende Schluchten Klöft I und Klöft II eingezeichnet. Nördlich davon verläuft eine Grenze zwischen Callovischem und Kimmeridgischem in *s*-Richtung. Längs der oben erwähnten geologischen Grenze zwischen gefalteten Sedimenten und Gneis vermutet *Koch* (1929, S. 66) eine Verwerfung.

4 VERGLEICH VON SCHWÄCHENETZEN, DIE BEI FESTIGKEITSVERSUCHEN AUFTRETEN, MIT DER BRUCHSTRUKTUR DER ERDRINDE

41 Übereinstimmung von Richtungen von Fließfiguren auf Prüfkörpern und von Bruchflächen an Prüfkörpern mit dem Bruchschema der Erdrinde auf Grund bekannter Versuche

Wie bereits am Ende von Abschnitt 2 betont wurde, wird zunächst bewußt davon Abstand genommen, das empirisch festgestellte Bruchnetz der Erdrinde geophysikalisch oder irgendwie theoretisch zu deuten. Hingegen drängt sich der Gedanke auf, Vergleiche anzustellen zwischen dem neu gefundenen Strukturnetz der Erdrinde und den bei Festigkeitsuntersuchungen auftretenden Schwäche- bzw. Bruchnetzen von Prüfkörpern.

Unter Berücksichtigung der Starrheit und Sprödigkeit der Festlandschollen kann angenommen werden, daß das Zubruchegehen von derartigen Schollen und die Scherungsbewegung von Schollenteilen aneinander entlang ähnlich verlaufen wie solche Vorgänge bei Festigkeitsversuchen mit spröden Prüfkörpern. Nun weicht zwar die Form der Festlandschollen, die als Bruchstücke von Kugelschalen großer Flächenausdehnung mit Längsabmessungen von etwa 250 km und einer Schollendicke von etwa 70 km aufzufassen sind, sehr ab von der zylindrischen oder quaderförmigen Säulengestalt der üblicherweise bei Festigkeitsuntersuchungen benutzten Prüfkörper. Immerhin kann aber eine kugelförmig gekrümmte, tangential in Richtung eines Großkreises der Erde auf Druck beanspruchte Festlandscholle infolge der einer Knickung der Scholle entgegenwirkenden Kräfte der Schwereanziehung und des isostatischen Auftriebs noch zu einer ebenen, in Richtung quer zu ihrer Dicke auf Druck beanspruchten Platte in Vergleich gesetzt werden.

Ehe der Kernpunkt des Vergleichs, die Übereinstimmung der Größe der Winkel des Richtungsschemas nach Abb. 3 mit den bei Festigkeitsversuchen auftretenden Bruchwinkeln, erörtert wird, wird kurz auf die wahrscheinlich in der Erdkruste auftretenden Hauptspannungen und die davon abhängige Lage der Schwächeflächen sowie auf das unterschiedliche Verhalten von zähen und spröden Werkstoffen beim Zubruchegehen eingegangen.

411 Mutmaßliche Richtungen der Hauptspannungen in der Erdrinde

Nach der auf *Coulomb* und *H. Tresca* zurückgehenden, namentlich von *Mohr* (1906) und *Guest* (1940/41) vertretenen „Theorie der größten Unterschiede der Hauptspannungen" („maximum stress difference theory" oder „maximum shear stress law") entstehen bleibende Verschiebungen in den Ebenen der größten Schub- oder Scherungsbeanspruchung, die mit der größten und kleinsten Hauptspannung Winkel von 45° bilden; vgl. auch Übersichten über bekannte Festigkeitstheorien von *Scholl* (1923, S. 39···47), *Nádai* (1927, S. 39···42) und *Roš* u. *Eichinger* (1926, S. 7···8). Wenn die Linien *s* und *s'* des im Gesteinsmantel der Erde auftretenden Richtungsschemas nach Abb. 3 den Gleitebenen der Mohrschen Theorie entsprechen, so gestattet das allgemeine Auftreten dieser Linien in der Erdrinde Rückschlüsse auf die Beanspruchungen in der Erdrinde zu ziehen.

Es kann dann unschwer gefolgert werden, daß die diese Linien verursachende größte und kleinste Hauptspannung in der Erdrinde tangential zur Erdoberfläche wirkten, bzw. daß die mittlere Hauptspannung nicht tangential, sondern stets senkrecht zur Erdoberfläche wirkte. Das ist leicht einzusehen an Hand der Untersuchungen von *Siebel* u. *Pomp* (1926) über die Spannungsverteilung an Kesselböden. Nun kann zwar der Werkstoff der Kesselwandung nicht wie das Gestein der Erdrinde als spröde bezeichnet werden. Das ist auch der Grund dafür, daß Linien gemäß der *z*- und *d*-Richtung von Abb. 3 nicht gleichzeitig mit den Schublinien bei den Versuchen an Kesselböden auftraten. Abgesehen von diesem Unterschied würde die von *Siebel* u. *Pomp* (1926, S. 64, Abb. 2) als Fall I bezeichnete Spannungsverteilung am Kesselboden, die Meridianspannungs-Ringspannungs-Fließlinien erzeugt, dem in der Erdkruste wirksam gewesenen Spannungszustand entsprechen. Damit stimmt überein, daß in der Erdkruste, wenngleich bei schrägliegenden Schollen und im Zusammenhang mit der Orogenese auch flach einfallende Verwerfungen auftreten, vorwiegend steil einfallende Verwerfungen festgestellt werden.

Da die Spannung senkrecht zur Erdoberfläche, die, wie eben gezeigt wurde, der mittleren Hauptspannung entspricht, bei Geltung der Isostasielehre nahezu gleich Null ist, müssen die größte und kleinste Hauptspannung immer entgegengesetztes Vorzeichen aufweisen. Das heißt, wenn tangential zur Erdrinde als größte Hauptspannung eine Zugspannung (Druckspannung) auftritt, so ist senkrecht dazu und ebenfalls tangential zur Erdrinde eine Druckspannung (Zugspannung) wirksam bzw. umgekehrt, wie die Klammern angeben. In Abb. 3 sind dementsprechend Zug- und Druckpfeile eingezeichnet, die aber nicht nur den Grenzfall gleicher Zug- und Druckspannung andeuten, sondern auch ungleiche Zug- und Druckspannung mit einbeziehen in der Weise, daß die größte Hauptspannung sowohl eine Zug- als auch eine Druckspannung sein kann.

Diese Spannungsverteilung entspricht auch einer reinen zusätzlichen Scherungsbeanspruchung der Erdrinde durch ein in waagerechter Ebene angeordnetes Kräftepaar bzw. einer reinen oder zusätzlichen Torsionsbeanspruchung der Erdrinde längs eines Großkreises der Erde.

412 Unterschiede zwischen dem Schwächeflächennetz eines zähen und eines spröden Werkstoffes; Entstehung von *z*- und *d*-Flächen im Anschluß an die Entstehung von *s*- und *s'*-Flächen

Bei dem für Kesselböden verwendeten zähen Werkstoff erfolgt nach *Siebel* u. *Pomp* (1926) die Fließlinienausbildung nur als Spur von parallelen oder sich nahezu rechtwinklig zueinander schneidenden Gleitebenen auf der Werkstoffoberfläche. Das im Richtungsschema nach Abb. 3 neben den nahezu rechtwinklig zueinander verlaufenden Schub- oder Scherungslinien *s* und *s'* auftretende weitere, um rund 45° verdrehte System von rechtwinklig zueinander verlaufenden Linien *z* und *d* gilt im wesentlichen nur für spröde Werkstoffe. Doch treten sogenannte Trennbrüche, gemäß der *z*-Linie von Abb. 3, für sich allein oder zusammen mit dem Liniennetz der *s*- und *s'*-Linien auch bei zähen Werkstoffen auf.

Am Beispiel der Bruchspaltenbildung an einer Betonsäule von quadratischem Querschnitt im Druckversuch sowie nach Druckversuchen von *Bauschinger* begründet *Rudeloff* (1911, S. 103···104, 107, Abb. 7a···7c) die Entstehung von der *z*-Richtung in Abb. 3 entsprechenden Spalten dadurch, daß der zwischen zwei bereits entstandenen Scherungsflächen *s* und *s'* liegende Keil an seiner Spitze Spannungen hervorrufe, die schließlich an mehr oder weniger spröden Prüfkörpern bei einsetzender Bewegung des Keils in der Druckrichtung die den Keil umschließende Keilnut längs einer Ebene parallel zur Druckrichtung aufsprengen, vgl. Abb. 26. *Rudeloffs* Auffassung wird von *Griggs* (1936, S. 252···253, plate IIA) geteilt, dessen Versuch, zusammen mit *Edgerton* kinematographisch bei 720 Aufnahmen je Sekunde und einer Belichtungszeit von ein hunderttausendstel Sekunde den Nachweis des Entstehens derartiger Spalten im Anschluß an die vorherige Bildung von Keilflächen darstellenden Scherungsspalten zu erbringen, vorerst jedoch nicht gelang. Bei dem in Abb. 26 dargestellten Vorgang spielt die unter dem Namen „Kerbwirkung" bekannte Spannungserhöhung eine ausschlaggebende Rolle; vgl. *Martens* u. *Heyn* (1912). Hierbei tritt eine Beanspruchung auf Biegung auf. Das scheint *Griggs* entgangen zu sein.

Hingegen glaubt *Griggs* (1936, S. 553), die Bruchflächen senkrecht zur Druckrichtung auf Biegung zurückführen zu können. Diese Auffassung entspricht dem in Abb. 27a dargestellten Vorgang, bei dem die Symmetrieebene eines durch Scherflächen s und s' begrenzten Keils K senkrecht zur Druckrichtung steht. Die durch das Ausscheiden des Keils K aus dem Verband des den Druck aufnehmenden Prüfkörpers entstandene Unsymmetrie bewirkt ein Durchknicken des Prüfkörpers in Richtung R; vgl. Abb. 27a und Abb. 27b. Der Bruch beginnt auf der der Keilnut gegenüberliegenden Seite des Prüfkörpers.

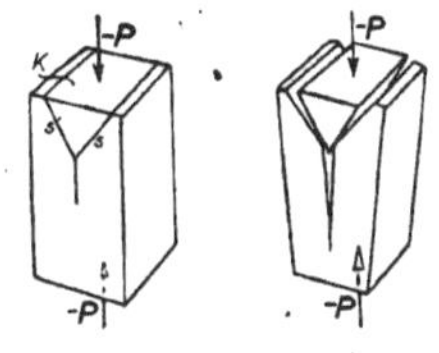

a b

Abb. 26a u. b. Schema der Entstehung von Spalten parallel zur Druckrichtung nach *Rudeloff* (1911).

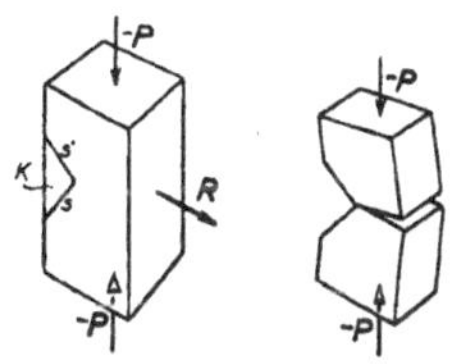

a b

Abb. 27a u. b. Schema der Entstehung von Spalten senkrecht zur Druckrichtung durch Knikkung nach dem Ausscheiden des Keiles K aus dem Verband des Prüfkörpers.

Bei auf Zug beanspruchten Prüfkörpern bieten derartig unsymmetrisch liegende Scherungskeile eine Möglichkeit zur Erklärung von Trennbrüchen infolge von Biegung; vgl. Abb. 28a. Die durchbiegende Kraft wirkt in diesem Falle in Richtung L. Der schließlich eintretende Bruch beginnt gemäß Abb. 28b im Grunde der Keilnut.

Von *Federn* (1939, S. 7, Abb. 4, und S. 28, Abb. 23) beschriebene Versuche mit Gummimodellen bestätigen die gemäß Abb. 27 und Abb. 28 auftretenden Biegungs- bzw. Knickkräfte und erklären darüber hinaus auch das Auftreten von Zugrissen parallel zur Zugrichtung, wenn nicht, wie in Abb. 28a dargestellt ist, ein unsymmetrisch liegender Keil den Querschnitt des Prüfkörpers schwächt, sondern wenn zwei symmetrisch zur Zugrichtung liegende, von Scherflächen begrenzte Keile den Querschnitt schwächen; vgl. *Federn* (1939, S. 7, Abb. 4).

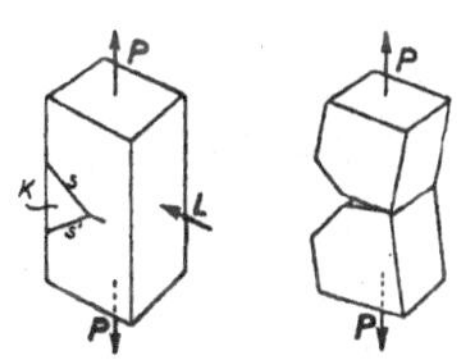

a b

Abb. 28a u. b. Schema der Entstehung von senkrecht zur Zugrichtung verlaufenden Bruchflächen (Trennbrüchen) durch Biegung nach dem Ausscheiden des Keiles K aus dem Verband des Prüfkörpers.

413 Die Größe der von Schwächeflächen eingeschlossenen Winkel nach früheren Festigkeitsversuchen

Bei einachsigen Druckversuchen stellte bereits *Hartmann* (1894/95, S. 227···229) fest, daß der von der Druckrichtung (der Richtung der größten negativen Hauptspannung) halbierte Winkel ω_D zwischen zwei Gleitebenen kleiner ist als 90° bzw. daß der Winkel $\varphi_D = \omega_D/2$ zwischen einer Gleitebene und der Druckrichtung kleiner ist als 45°. Bei einachsigen Zugversuchen hingegen fand *Hartmann*, daß der von der Zugrichtung (der Richtung der größten positiven Hauptspannung) halbierte Winkel ω_Z zwischen zwei Gleitebenen größer ist als 90° bzw. daß der Winkel $\varphi_Z = \omega_Z/2$ größer ist als 45°. Als weitere Beziehung fand *Hartmann*, daß für ein und denselben Werkstoff die Winkel φ_D und φ_Z sich zu 90° ergänzen. Nach *Hartmann* (1894/95, S. 105) gilt für jeden Werkstoff ein bestimmtes Paar von Komplementwinkeln φ_D und φ_Z. Jedoch weichen *Hartmanns* Werte mitunter ganz erheblich ab von den nach Abb. 3 geforderten Winkelgrößen $\varphi_D = 40°$ und $\varphi_Z = 50°$. Beispielsweise fand *Hartmann* für Kupfer $\varphi_Z = 62°$ und für Zink $\varphi_Z = 65°$.

Bei dem Versuche, seine Auffassung durch die Erfahrung zu stützen, beruft sich *Mohr* (1906) vor allem auf die eben zitierten Versuchsergebnisse von *Hartmann* (1894/96) und geht namentlich auf die folgenden Punkte ein:

1. Formänderungen bestehen darin, *daß Körperteile von endlicher Ausdehnung in zwei Gruppen von Gleitschichten sich gegeneinander verschieben.*

2. *Bei gleichbleibender Art und wachsender Größe der Inanspruchnahme bleibt die Stellung der Gleitschichten unverändert bis zum Bruch.*

3. Die beiden Gruppen von Gleitschichten *kreuzen sich unter einem Winkel* ω, *dessen konstante Größe nur von der Materialbeschaffenheit, also nicht von dem Spannungszustande der betreffenden Körperpunkte und nicht von der Größe der Spannungen abhängig ist.*

4. *Bei gleicher Gattung, aber verschiedener Beschaffenheit des Materials weicht der Schnittwinkel* ω *desto mehr von 90° ab, je härter und spröder das Material ist, je mehr also die Druckfestigkeit die Zugfestigkeit überwiegt.*

5. *Der spitze Winkel* ω *wird durch die Richtung* der Druckbeanspruchung, *der stumpfe* Winkel $180° - \omega$ *durch die Richtung* der Zugbeanspruchung *halbiert. Für ein und dasselbe Material ergänzen sich* ω_D und ω_Z zu 180°.

Nach *Mohr* besteht demnach eine Veränderlichkeit der Gleitwinkel in Abhängigkeit vom Werkstoff. Wenn wohl die Mohrsche Theorie als richtig vorausgesetzt wird, aber $\omega_D = 80° = \text{const.}$ und $\omega_Z = 100° = \text{const.}$, als für alle Werkstoffe gültig, angenommen wird, so ergibt sich aus *Mohrs* Theorie in vereinfachter Darstellung der Grenzkurven der Wert 0,7 als konstantes Verhältnis von Zug- und Druckfestigkeit für alle Werkstoffe, gemäß der Mohrschen (1906, S. 208) Gleichung 18:

$$\cos \omega_D = \frac{-\sigma_D - \sigma_Z}{-\sigma_D + \sigma_Z}, \qquad (1)$$

in der σ_D die Druckfestigkeit und σ_Z die Zugfestigkeit bedeuten (Druckfestigkeiten sind negative, Zugfestigkeiten positive Spannungen; vgl.

Abb. 35). Für Flußeisen ist nach *Scholl* (1925, S. 409, Zahlentafel 1) $-\sigma_Z/\sigma_D$ angenähert gleich 0,7. Auch für Schweißeisen, Flußstahl und Stahlguß trifft dieses Verhältnis ungefähr zu. Aber bei spröden Werkstoffen ergeben sich abweichende Werte für dieses Verhältnis, z. B. 0,27 für Gußeisen, 0,08 ··· 0,12 für Betonmörtel und 0,04 für Gesteine. Bereits *Scholl* (1925; S. 409 ··· 410) stellt fest, daß die vereinfachte Mohrsche Fassung nicht auf spröde Körper angewendet werden kann. *Mohr* (1906, S. 216 ··· 219) selbst weist demgegenüber auf die Unsicherheit der Ergebnisse von Druckversuchen hin, insbesondere mit Steinen und Mörteln, weil die Reibung zwischen den Druckplatten und dem Prüfkörper einen schwer bestimmbaren Einfluß ausübe. Der Begriff Druckfestigkeit ist ohnehin nicht eindeutig auf alle Werkstoffe anwendbar. Nach den Versuchen von *Pomp* (1920) kann bei mehr bildsamen Werkstoffen von Druckfestigkeit im üblichen Sinne nicht gesprochen werden, da eine Bruchbildung, also eine Zerlegung des Prüfkörpers in zwei oder mehrere Teile, nicht auftritt.

Sehr anschaulich erklärt *Ludwik* (1909, S. 11 ··· 13, Fig. 2), warum beim Zugversuch der Bruchwinkel σ_Z größer als 45° ist, und beim Druckversuch der Bruchwinkel σ_D kleiner als 45° ist. Ich komme weiter unten hierauf zurück. *Ludwik* (1909, S. 15 ··· 17, 28) hebt auch als erster ausdrücklich hervor, daß neben einer Schiebung, die längs der Gleitflächen erfolgt, stets auch eine Verdrehung der Gleitflächen gegen das ursprüngliche Material stattfindet.

Eine große Anzahl von Versuchen mit einachsig beanspruchten Prüfkörpern aus zähen und spröden Werkstoffen wurde ausgeführt, ohne daß die auftretenden Bruchwinkel gemessen wurden. Jedoch ist es mit Hilfe von Abbildungen der Prüfkörper in vielen Fällen möglich, noch nachträglich wenigstens ungefähr Schlüsse auf die Größe der betreffenden Bruchwinkel zu ziehen. Schon auf diese mehr oder weniger statistische Weise läßt sich in gewisser Hinsicht die Behauptung stützen, daß als Schwächenetz beim einachsigen Druck- und Zugversuch unabhängig vom Werkstoff das Richtungsschema nach Abb. 3 gilt; denn der Zahl nach überwiegen die Fälle, die für $\varphi_D = 40°$ und $\varphi_Z = 50°$ sprechen, wenn Druckversuche mit zu kurzen, z. B. würfelförmigen Prüfkörpern und Zugversuche, bei denen überwiegend Trennungsbrüche auftraten, unberücksichtigt bleiben. Derartige Abbildungen von zu Bruch gegangenen Prüfkörpern bzw. von Fließlinien auf den Seitenflächen von Prüfkörpern aus verschiedenen Werkstoffen bringen beispielsweise: *Daubrée* (1880, S. 243 ··· 244, Fig. 93 ··· 94 u. Taf. III), *Kirsch* (1887/89), *Martens* (1887, S. 20, Taf. III, Fig. 1, 2, 4, 5, 7, 9), *Böhme* (1888), *Martens* (1898, S. 67 ··· 83, 180 ··· 181, Taf. I u. III), *Mohr* (1906, S. 209, Abb. 17 u. 18), *Rudeloff* (1911, S. 105 ··· 106), *von Tulli* (1911), *Nádai* (1927, S. 77 ··· 85, Abb. 98, 99, 110, 114, 115, 117, 122, 123, 126), *Baumann* u. *Schwarz* (1931), *Maier* (1934, S. 43, Abb. 55 u. 56).

Auch die von *Riedel* (1913 u. 1922) im Zusammenhang mit der sogenannten Rutschkegelhypothese ausgeführten Versuche bestätigen das Richtungsschema nach Abb. 3. Zum Beispiel behielten nach *Riedel* (1922, S. 568, Abb. 8) Doppelkegel aus glühendem Eisen beim Zusammendrücken die Neigung der Kegelflanken zur Grundfläche nur dann unveränderlich bei, wenn als Neigungswinkel ein Winkel von 49° vorgesehen war, der dem 50°-Winkel des Richtungsschemas von Abb. 3 entspricht. Bei Zugversuchen hingegen tritt nach *Riedel* (1922, S. 569, Abb. 9 u. 10) als „*zutreffender Winkel*" zwischen der Grundfläche des hypothetischen Rutschkegels und seinen Flanken ein Winkel von rund 40° auf. Diese Versuche wurden mit kegelig eingedrehten Blei- und Flußeisenstäben ausgeführt.

Noch überzeugender bestätigen die Versuche und Bruchwinkelmessungen von *Scholl* (1923 u. 1925) das ganz unabhängig von diesen Versuchen und Messungen empirisch gefundene Richtungsschema nach Abb. 3.

Die von *Scholl* (1925, S. 407, Abb. 13 u. 14) gezeichneten Spuren des Schwächeflächennetzes eines auf Druck beanspruchten Körpers und eines Zugstabkopfes im Axialschnitt weichen nur ganz unwesentlich, um etwa 1 Winkelgrad, vom Netz der Schwächelinien s und s' des Bruchschemas nach Tafel 1 ab.

Der Mittelwert des Bruchwinkels nach Messungen von *Scholl* (1923, Blatt Nr. 41, bzw. 1925, S. 409) an 22 verschiedenen Werkstoffen bei Auslassung der mehr oder weniger senkrecht zur Zugrichtung verlaufenden Trennungsbrüche ist $\varphi_D = 40{,}5°$ bzw. $\varphi_Z = 49{,}5°$. Abweichungen von diesen Mittelwerten, die 2,5° überschreiten, treten nur ganz vereinzelt auf.

Hingegen stehen diesen gemessenen Bruchwinkelwerten aus dem kritischen Punkt der Druckkurve berechnete Bruchwinkelwerte gegenüber, die um höchstens 2,5° vom Mittelwert abweichen. Diese für 11 verschiedene Werkstoffe und zylindrische Prüfkörper berechneten Bruchwinkel sind nach *Scholl* (1925, S. 409, Zahlentafel 2):

$\varphi_Z = 49{,}5°$ für Blei,	$\varphi_Z = 49{,}7°$ für Zink,
49,8° für Aluminium 0,99,	51,1° für Duralumin,
49,8° für Kupfer,	49,0° für Flußeisen 1,
49,3° für Flußeisen 2,	50,4° für Flußstahl,
47,5° für Messing,	52,5° für Stahlphosphorbronze.
51,3° für Manganbronze,	

Als Mittelwert dieser Reihe ergibt sich 49,99°. Als größte Abweichung von diesem Mittelwert 50° treten auf 2,5° nach oben für Stahlphosphorbronze und 2,5° nach unten für Messing.

Ganz ähnlich wie die Gleit- bzw. Bruchebenen von Prüfkörpern verlaufen auch die sogenannten Kinkstreifen in auf Zug oder Druck beanspruchten Kristallen. Nach *Orowan* (1942) bilden diese Streifen einen Winkel von 51° mit der Zugrichtung bzw. einen Winkel von 41° mit der Druckrichtung.

414 Theoretische Grenzwerte von Scherbruchwinkeln beim Druck- und Zugversuch

Ein wesentliches Ergebnis der Mohrschen (1906) Darstellung ist, daß die Spannung senkrecht zu Scherspannungsflächen bruchbestimmend ist. Da *Ludwik* (1909) dieses Ergebnis als Voraussetzung übernimmt, muß seine Darstellung im großen und ganzen mit der von *Mohr* übereinstimmen. Die Entstehung von Bruchwinkeln, die größer als 45° sind im Zugfalle, bzw. von Bruchwinkeln, die kleiner als 45° sind im Druckfalle, läßt sich nach *Ludwig* durch Annahmen über die „*innere Reibung*" im Werkstoff erklären. Nach *Ludwik* (1909, S. 12, Fig. 2) können bleibende Deformationen in einem mechanisch beanspruchten Körper erst dann auftreten, wenn die durch die Belastung hervorgerufene Schubspannung die als spezifischen Schubwiderstand aufzufassende innere Reibung überwindet. Wäre die innere Reibung eines Werkstoffes von der Belastung völlig unabhängig, so würde die Kurve der inneren Reibung, wie Abb. 29 zeigt, ein Kreis $O R_0$ um O sein. Nach *Ludwik* wird jedoch die Größe der inneren Reibung durch die Spannung senkrecht zur Schub- oder Scherebene beeinflußt. Wenn senkrecht zur Schubfläche eine Zugspannung (Druckspannung) wirksam ist, so erniedrigt (erhöht) sich die innere Reibung R, so daß die in Abb. 29 für den Zug- und den Druckfall gezeichneten ellipsenähnlichen Kurven die Größe von R in sämtlichen möglichen Schubebenen darstellen. Bei allmählich zunehmender Belastung wird die erste bleibende Deformation auftreten, sobald in irgendeinem Punkte des Körpers die Schubspannung τ die innere Reibung des Werkstoffes in diesem Punkte überwindet, sobald also die τ-Kurve, wie Abb. 29 zeigt, die R-Kurve in den Punkten T_Z oder T_D berührt.

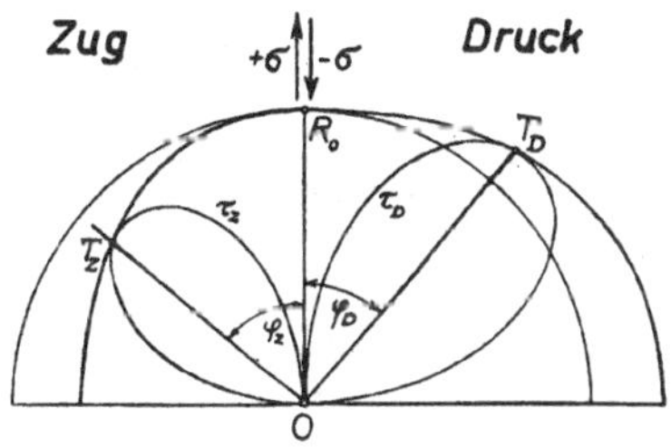

Abb. 29. Bruchwinkelbestimmung beim Zug- und Druckversuch nach *Ludwik* (1909).

Wenn angenommen wird, daß die R-Kurven genaue Ellipsen sind, so ergibt sich durch Rechnung ohne Kenntnis der Größe der inneren Reibung R und der Größe der Hauptspannung σ die in Abb. 30 dargestellte Kurve des Verhältnisses v der kleinen Achse zur großen Achse aller überhaupt möglichen R-Ellipsen in Abhängigkeit vom Bruchwinkel φ, dessen Schenkel parallel zur Bruchebene und zur Beanspruchungsrichtung laufen. Sowohl im Zug- als auch im Druckfalle nimmt dabei v Werte von 1 bis 0 an; denn $v = 1/\infty$ im Druckfalle ist identisch $v = 0$. In Polarkoordinaten, deren

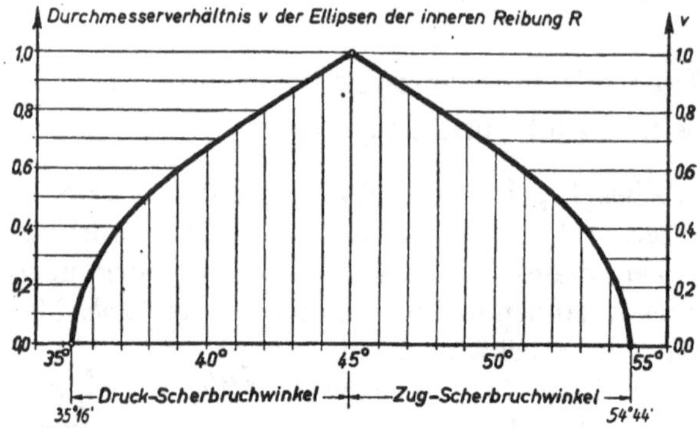

Abb. 30. Beziehungen zwischen dem Scherbruchwinkel und dem Verhältnis der kleinen Achse zur großen Achse der von *Ludwik* (1909) vorgeschlagenen Ellipsen der inneren Reibung.

Nullachse parallel zur Beanspruchungsrichtung läuft und deren Abweichung φ ist, ist der Radiusvektor der R-Ellipsen:

im Zugfall
$$R = \frac{R_0}{\left(\cos^2\varphi + \frac{1}{v^2}\sin^2\varphi\right)^{\frac{1}{2}}} \tag{2}$$

und im Druckfall
$$R = \frac{R_0}{\left(\frac{1}{v^2}\cos^2\varphi + \sin^2\varphi\right)^{\frac{1}{2}}}. \tag{3}$$

R_0 bedeutet dabei die innere Reibung in der Belastungsrichtung. Als Ableitungen von Gleichung (2) und Gleichung (3) ergeben sich:

im Zugfall
$$\frac{dR}{d\varphi} = \frac{R_0\left(1 - \frac{1}{v^2}\right)\sin\varphi\cdot\cos\varphi}{\left(\cos^2\varphi + \frac{1}{v^2}\sin^2\varphi\right)^{\frac{3}{2}}} \tag{4}$$

und im Druckfall
$$\frac{dR}{d\varphi} = \frac{-R_0\left(1 - \frac{1}{v^2}\right)\sin\varphi\cdot\cos\varphi}{\left(\frac{1}{v^2}\cos^2\varphi + \sin^2\varphi\right)^{\frac{3}{2}}}. \tag{5}$$

Die Gleichungen der Scherspannung τ und der Ableitung von τ nach φ in den gleichen Polarkoordinaten lauten bekanntlich

$$\tau = \sigma\sin\varphi\cdot\cos\varphi \tag{6}$$

und
$$\frac{d\tau}{d\varphi} = \sigma\left(\cos^2\varphi - \sin^2\varphi\right). \tag{7}$$

Da zwei in Polarkoordinaten angegebene Funktionen bei der gemeinsamen Abweichung φ einander berühren bzw. parallel zueinander laufen, die sich durch Gleichsetzung der aus beiden Funktionen gewonnenen Quotienten aus Ableitung und Funktion ergibt, so lassen sich die Gleichungen aufstellen:

für einachsigen Zug $$\frac{\text{Gl. (7)}}{\text{Gl. (6)}} = \frac{\text{Gl. (4)}}{\text{Gl. (2)}}$$

oder
$$\frac{\cos^2\varphi - \sin^2\varphi}{\sin\varphi \cdot \cos\varphi} = \frac{\left(1 - \frac{1}{v^2}\right)\sin\varphi \cdot \cos\varphi}{\cos^2\varphi + \frac{1}{v^2}\sin^2\varphi} \tag{8}$$

und für einachsigen Druck $$\frac{\text{Gl. (7)}}{\text{Gl. (6)}} = \frac{\text{Gl. (5)}}{\text{Gl. (3)}}$$

oder
$$\frac{\cos^2\varphi - \sin^2\varphi}{\sin\varphi \cdot \cos\varphi} = \frac{-\left(1 - \frac{1}{v^2}\right)\sin\varphi \cdot \cos\varphi}{\frac{1}{v^2}\cos^2\varphi + \sin^2\varphi}. \tag{9}$$

Die unbekannten Größen R_0 und σ fallen in Gleichung (8) und Gleichung (9) durch Kürzung heraus, während φ die Größe des Bruchwinkels φ_Z bzw. φ_D annimmt. Durch weitere Umformung von Gleichung (8) und Gleichung (9) ergeben sich die folgenden Beziehungen zwischen dem Bruchwinkel φ_Z bzw. φ_D und dem Verhältnis v der kleinen zur großen Achse der zugehörigen R-Ellipse:

für einachsigen Zug
$$\operatorname{tg}\varphi_Z = \sqrt{1 - v^2 + \sqrt{1 - v^2 + v^4}} \tag{10}$$

und für einachsigen Druck
$$\operatorname{tg}\varphi_D = \sqrt{1 - \frac{1}{v^2} + \sqrt{1 - \frac{1}{v^2} + \frac{1}{v^4}}}. \tag{11}$$

Da $\operatorname{tg}\varphi_Z = \frac{1}{\operatorname{tg}\varphi_D}$ ist, wie sich leicht durch Rechnung nachprüfen läßt, so ist die v-Kurve gemäß Abb. 30 symmetrisch zur 45°-Ordinate. Als Grenzwerte für $v = 0$ (Zugfall) bzw. $v = 1/\infty$ (Druckfall) ergeben sich die Bruchwinkel $\varphi_Z = 54°44'$ und $\varphi_D = 35°16'$.

Nach Abb. 30 ist für die Bruchwinkel $\varphi_D = 40°$ und $\varphi_Z = 50°$, die behauptungsgemäß allgemein auftreten, der zugehörige v-Wert rund 0,7. Durch Aufzeichnen der R-Ellipsen mit diesem v-Wert ergibt sich für einachsigen Druck als R-Wert der Bruchebene ein um etwa 15% größerer Wert als R_0, während bei einachsigem Zug der R-Wert der Bruchebene um etwa 15% kleiner ist als R_0. Aus den Ludwikschen R-Ellipsen geht demnach ebenso wie oben aus der Mohrschen Theorie hergeleitet wurde, hervor, daß die Zugfestigkeit eines Werkstoffes im allgemeinen um 30% niedriger ist als seine Druckfestigkeit.

Für $v = 0$ entarten die R-Ellipsen in eine Durchmessergerade des R_0-Kreises, parallel zur Zugrichtung, bzw. in eine unendlich lange, quer zur Druckrichtung liegende Ellipse, die wohl kaum praktische Bedeutung haben. Da selbst R-Ellipsen, entsprechend $v < 0{,}5$, als unwahrscheinlich zu betrachten sind, kann aus Abb. 30 ferner entnommen werden, daß reine Scherbruchwinkel, die kleiner als 38° bzw. größer als 52° sind, nicht auftreten können. Wenn dennoch derartige Bruchebenen bzw. Schwächeebenen beobachtet werden, so muß ihre Entstehung anders als durch reine Scherung in der betreffenden Ebene erklärt werden. In der Tat wird die bei rechteckigen Prüfkörpern mit starken Unterschieden der Seitenlängen und durch Kaltbearbeitung des Werkstoffes begünstigte Ausbildung von sogenannten Reißwinkeln, die Größen zwischen 50° und 70° annehmen, durch *Körber* u. *Hoff* (1928) als Folge des Zusammenwirkens zweier Gleitschichten ge-

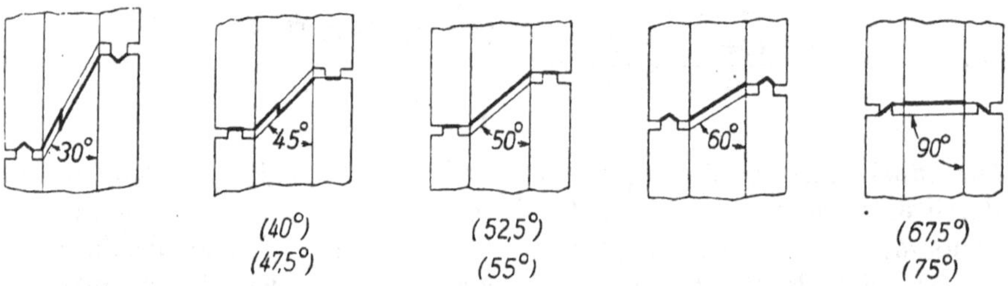

Abb. 31. Abwicklung des mittleren Teiles von an zwei gegenüberliegenden Seiten schräg genuteten Messingprüfkörpern in je drei Seitenflächen zur schematischen Kennzeichnung der bei Zerreißversuchen auftretenden Bruchebenenspuren auf den Seitenflächen. Winkelangaben in Klammern deuten an, daß entsprechend genutete Prüfkörper in der gleichen Weise zu Bruch gingen, wie der über der Klammerangabe abgebildete.

deutet, die unter einem Winkel von 45° zur Beanspruchungsrichtung geneigt sind und deren Schnittspuren mit dem Prüfkörperquerschnitt sich unter einem Winkel von 45° zu den Prüfkörperhauptachsen kreuzen. Nach *Körber* u. *Siebel* (1928, S. 189, Fußnote) können die betreffenden beiden Gleitschichten auch unter Winkeln, die größer oder kleiner als 45° sind, zur Beanspruchungsrichtung geneigt sein. Wenn als Größe dieser Winkel $\varphi_Z = 50°$ vorausgesetzt wird, so ergibt sich als zugehörige Reißwinkelgröße 58°44′12″. Da Reißwinkel, die kleiner als 52° sind, gemäß Abb. 30 durch eine einzige Gleitschicht erklärt werden können, diese Winkel demnach bei der Mittelbildung ausscheiden, würde die genannte Reißwinkelgröße von rund 59° durchaus als Mittelwert für die beobachteten Reißwinkel in Frage kommen. In Übereinstimmung hiermit ergaben sich bei den weiter unten beschriebenen Zerreißversuchen mit schräg genuteten Messingprüfkörpern mit Zerreiß- bzw. Zerscherquerschnitten von 15 mm × 4 mm bis 30 mm × 4 mm Bruchflächen, die ungefähr dem in Abb. 31 aufgestellten Schema entsprechen.

Bei einer Neigung der den Querschnitt schwächenden Nut von 60° zur Zugrichtung erfolgte bei diesen Versuchen der Bruch ähnlich wie bei den Reißwinkel-Versuchen von *Körber* u. *Hoff* (1928) entlang zwei ungefähr senkrecht zueinander stehende Scherflächen.

Außerhalb des zulässigen Scherbruchwinkelbereichs zwischen 38° und 52° liegende Bruchwinkel können auch so erklärt werden, daß kleine Scherbruchflächen im zulässigen Bereich und kleine Trennbruchflächen, die im Zugfalle senkrecht und im Druckfalle parallel zur Beanspruchungsrichtung liegen, sich in regelmäßiger Folge abwechselnd aneinanderreihen. Wenn bei genügender Kleinheit dieser zusammensetzenden Flächen die Zickzacknatur des so gebildeten Spaltenzuges verschwindet, kann eine Spaltenrichtung vorgetäuscht werden, die in dem Schwächeflächennetz nach Abb. 3 nicht enthalten ist. Eine ähnliche Auffassung wird von *Roš* u. *Eichinger* (1926, S. 6⋯7, 15) vertreten, die Trennflächen, Gleitflächen und von diesen beiden Flächen zusammengesetzte Verschiebungsflächen unterscheiden. Auch *Griggs* (1936, S. 555) zieht eine derartige Möglichkeit in Betracht, beschränkt sich jedoch auf das Aneinanderreihen von um 45° zur Druckrichtung geneigt verlaufenden Scherungsflächen mit den durch Keilwirkung entstandenen, parallel zur Druckrichtung verlaufenden Bruchflächen. Ganz ähnlich, durch Aneinanderreihen von sehr kleinen Flächen, die um 40° geneigt zur Druckrichtung verlaufen, entstehen ja auch die bekannten kegelförmigen und schraubenförmigen Bruchflächen an Prüfkörpern; vgl. *Kirsch* (1889, S. 11⋯15, Tafel I), *Hartmann* (1894/95, Tafel I⋯III, S. 100, 234, 346), *Rudeloff* (1911, S. 105⋯106), *von Kármán* (1911, Textblatt 29, Fig. 10 u. 13), *Nádai* (1927, S. 76⋯78, Abb. 95⋯99). Ein Beispiel für das Aneinanderreihen kleiner, aber noch deutlich erkennbarer, parallel zu drei Scharen von parallelen Ebenen, die um jeweils etwa 40° voneinander abweichen, verlaufender Flächen geht aus der von *Martens* (1887, Tafel III, Fig. 1 rechts) gebrachten Abbildung eines zerdrückten Magnesiumwürfels hervor. Beispiele dafür, daß in im großen und ganzen regelmäßig entsprechend Abb. 3 gebildeten Schwächeliniennetzen durch Ineinanderübergehen der Linien abweichende Richtungen vorgetäuscht werden, zeigen einige Abbildungen von *Nádai* (1927, S. 24 u. 82⋯85, Abb. 21 u. 114⋯124). In von *v. Kármán* (1911, Textblatt 29, Fig. 11 u. 20) gebrachten Abbildungen sind umgekehrt an zylindrischen Prüfkörpern neben zahlreichen der Richtung nach anscheinend stark abweichenden Gleitlinien nur wenige kurze Strecken von Gleitlinien vorhanden, die um 40° zur Druckrichtung geneigt bzw. zu ihr parallel verlaufen. Vielleicht gelingt es, an Prüfkörpern wie diesen oder dem von *L. Prandtl* und *F. Rinne* erzielten Prüfkörper (vgl. *Nádai* 1927, S. 74, Abb. 24) durch mikroskopische Untersuchung die aus parallel zur Druckrichtung und um 40° geneigt zur Druckrichtung verlaufenden Teilstücken von Gleitlinien erhaltene Struktur der anscheinend um 20° geneigt zur Druckrichtung verlaufenden Lüderslinien nachzuweisen.

Auch von geologischer Seite werden zickzackartig verlaufende Brüche in Betracht gezogen. Beispielsweise gebraucht *Stehmann* (1934, S. 36) unter Bezugnahme auf *W. Schmidt* und *Hjelmquist* den Ausdruck „gestaffelte Gleitflächen".

42 Neue Versuche, bei denen die das Bruchschema der Erdrinde kennzeichnenden Winkel auftreten, bzw. die zur Deutung des Auftretens dieser Winkel beitragen

421 Scherungsversuch mit einer mit Paraffin überzogenen Gummimembran

Im Sommer 1940 gelang es mir, mit einer einfachen Versuchsanordnung ein dem in Abb. 3 dargestellten Richtungsschema entsprechendes Schwächenetz künstlich zu erzeugen.

Gemäß Abb. 32 wurde eine in einem starren quadratischen Holzrahmen *a* möglichst gleichmäßig gespannte Gummimembran *b* von 2 mm Stärke an

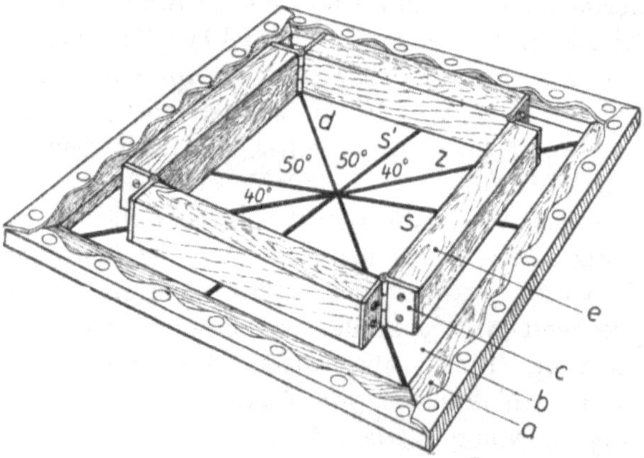

Abb. 32. Versuchsanordnung zur Erzeugung des Schwächeliniennetzes gemäß Abb. 3.

einem durch Scharniere *c* gelenkig gemachten Holzrhombus *e* befestigt in der Stellung des Rhombus als Quadrat. Dann wurde das Gummi vom Rahmen *a* gelöst bzw. den Holzrhombus *e* entlang ausgeschnitten. Mit Tusche wurde in der Stellung des Rhombus als Quadrat das Schwächeliniennetz nach Abb. 3 auf das Gummi aufgezeichnet. Dann wurde in der gleichen Stellung des Rhombus eine dünne Schicht Paraffin aufgegossen, die beim Abkühlen auf Raumtemperatur erstarrte. Nach dem Erhärten des Paraffins genügte ein geringer Druck in Richtung der mit der einen Quadratdiagonalen zusammenfallend aufgezeichneten *z*-Linie bzw. ein geringer Zug in Richtung der mit der anderen Quadratdiagonalen zusammenfallend aufgezeichneten *d*-Linie des Schwächeliniennetzes nach Abb. 3 zur Hervorrufung von Brüchen des Paraffins, parallel zu den vier Richtungen dieses Schwächeliniennetzes; vgl. Abb. 33.

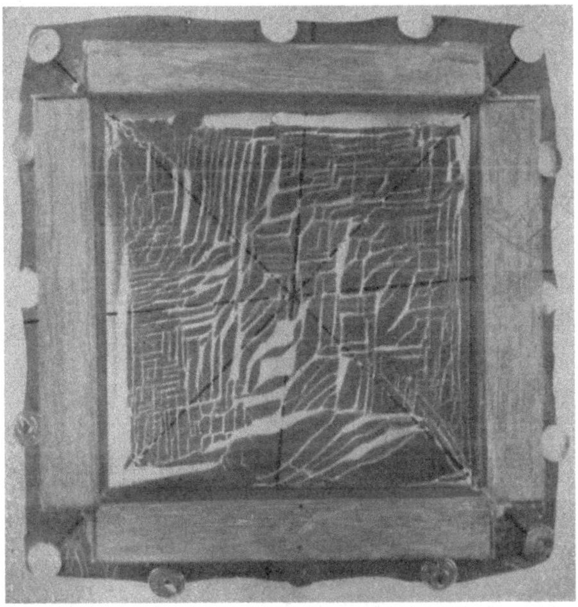

Abb. 33. Schwächeliniennetz in Paraffinschicht auf Gummimembran, die gleichzeitig senkrecht zueinander auf Druck und Zug beansprucht wurde.

Einen ähnlichen Versuch mit einer mit Paraffin überzogenen Gummimembran führte *Mead* aus. Die Übereinstimmung zwischen dem von *Mead* (1920, S. 512, Fig. 5) erhaltenen Bruchnetz und dem Bruchnetz nach Abb. 33 läßt deshalb zu wünschen übrig, weil in *Meads* Abbildung die Gummimembran in der das Bruchnetz auslösenden Stellung wiedergegeben ist, also in den beiden Diagonalen der Gummimembran zusätzliche Zug- bzw. Druckspannung herrschten, während gemäß Abb. 33 die Gummimembran sich wieder in der Ausgangsstellung befand, also in beiden Diagonalen der Gummimembran wieder gleicher Spannungszustand herrschte.

Die Übereinstimmung des Bruchnetzes nach Abb. 33 mit dem Richtungsschema nach Abb. 3 ist augenfällig.

Die geplante Wiederholung des Versuches zu Beginn des Jahres 1947 mit beliebiger rhombischer Ausgangsstellung scheiterte daran, daß eine ebene Gummimembran von geeigneter Stärke nicht aufzutreiben war. Ich vermute, daß auch bei beliebiger rhombischer Ausgangsstellung das Schwächeliniennetz gemäß Abb. 3 entsteht, und zwar mit der z-Linie parallel zur langen Rhombusdiagonalen orientiert, wenn der Scharnierrhombus in der langen Diagonalen auf Druck bzw. in der kurzen Diagonalen auf Zug beansprucht ist, oder mit der z-Linie parallel zur kurzen Diagonalen orientiert, wenn der Scharnierrhombus in der langen Diagonalen auf Zug bzw. in der kurzen Diagonalen auf Druck beansprucht ist.

422 Die Ergebnisse von Druck-, Verdreh- und zweischnittigen Scherversuchen mit Paraffinprüfkörpern in Mohrscher Darstellung als angenäherte Bestätigung für die Übereinstimmung des Richtungsschemas der Erdkruste mit dem bei Festigkeitsversuchen auftretenden Schwächeflächennetz

Wenn zwischen dem voranstehend für das Spaltennetz der Erdkruste wahrscheinlich gemachten Richtungsschema gemäß Abb. 3 und dem Schwächeflächennetz von Prüfkörpern bei Festigkeitsversuchen Beziehungen bestehen, so müßte das nach der Mohrschen Theorie durch eine mittlere Neigung der Umhüllenden der Mohrschen Hauptkreise von 10°, bezogen auf die Abszissenachse, zum Ausdruck kommen. Im Mohrschen Diagramm sind einander bei gleichem Maßstabe die Normalspannung φ_n auf der Abszissenachse und die Scherspannung τ auf der Ordinatenachse zugeordnet.

Ich habe für einen beliebigen spröden Werkstoff versucht, die Neigung der Umhüllenden der Mohrschen Hauptkreise experimentell zu bestimmen. Als Werkstoff wurde Paraffin gewählt, weil die auftretenden Kräfte im Vergleich zu dem benutzten Prüfkörperquerschnitt sehr klein sind, und somit die Versuchsanordnung im wesentlichen aus Holz bzw. Hartpapier ausgeführt werden konnte. Der Versuchsaufbau ist schematisch in Abb. 34 dargestellt. Mit diesem Gerät wurden prismatische Paraffinprüfkörper entweder bei einachsiger Beanspruchung zerdrückt oder bei axialer Druckvorspannung P_a im Bereich zwischen Null und der Druckfestigkeit zerschert. Beim Zerscheren wurde ein solcher Paraffinprüfkörper a von 60 mm Länge und quadratischem, 81 mm² großem Querschnitt zunächst mit Vorkehrungen, die in Abb. 34 nicht miteingezeichnet sind, in das starr mit dem Gestell b verbundene quadratische Hartpapierrohr c und das mit geringem Spiel in einem Ausschnitt des Hartpapierrohres c liegende ebenfalls quadratische Hartpapierrohr e von 20 mm Länge eingeführt. Das zweischnittige Zerscheren erfolgte dann durch ein über die im Gestell auf Kugeln gelagerte Seilrolle *d* geführtes gespanntes Seil. Dabei waren entweder die Prüfkörper axial unbelastet, oder sie wurden, wie Abb. 34 zeigt, axial mit dem quadratischen Druckstempel *f* durch Gewichte *g* für den jeweiligen Versuch unveränderlich stark belastet. Die Prüfkörper wurden über Eck abgeschert.

Beim Zerdrücken wurde das Hartpapierrohr *e* nicht benutzt. Ein Prüfkörper *a* wurde ohne Wandberührung in das Hartpapierrohr *e* gestellt und durch den Stempel *f* einachsig in Längsrichtung bis zum Bruch belastet.

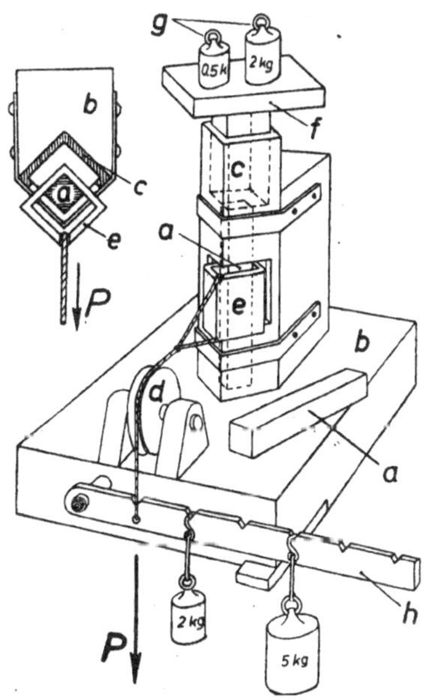

Abb. 34. Versuchsanordnung zur zweischnittigen Zerscherung von quadratischen, axial unbelasteten oder axial durch Druck vorgespannten Paraffin-Prüfkörpern von 81 mm² Querschnitt. Oben links: Teilgrundriß im Schnitt.

In Zahlentafel 3 sind die die Versuche betreffenden Zahlenangaben zusammengestellt. Als unmittelbare Versuchsergebnisse sind angegeben die am einarmigen Hebel *h* der Versuchsanordnung angreifenden Zerscherkräfte P und die in der Spalte der Werte P_a mitenthaltenen reinen Zerdrückkräfte. Selbstverständlich wurden dabei die Eigengewichte des Hebels *h* und des Druckstempels *f* berücksichtigt. Aus den Werten P und P_a wurden die Zerscherspannungen τ und die Normalspannungen σ_n bzw. Zerdrückspannungen σ_n errechnet nach den Gleichungen

$$\tau = \frac{P \cdot 1000}{2 \cdot q'} \text{ (g/mm}^2\text{)} \qquad \text{und} \qquad \sigma_n = \frac{P_a \cdot 1000}{q'} \text{ (g/mm}^2\text{)}.$$

Hierin bedeutet q' den durch die axiale Belastung herbeigeführten Querschnitt des Prüfkörpers in mm². Durch Ausmessen der Quadratseiten von Prüfkörpern bei einachsigem Druck unter allmählicher Laststeigerung wurde festgestellt, daß der Querschnitt q eines unbelasteten Prüfkörpers um rund 4% kleiner war als der Querschnitt desselben Prüfkörpers kurz vor dem Bruch. Deshalb wurden die q-Werte von Zahlentafel 3, den P_a-Werten entsprechend, umgerechnet in die Werte q'.

Die Prüfkörper *a* wurden liegend als Prismen von 9 mm × 16 mm Querschnitt aus geschmolzenem Paraffin gegossen, nachdem das flüssige Paraffin, stark dampfend, die Temperatur von ungefähr 120° C erreicht hatte. Der 7 mm hohe Schrumpflunker auf einer der Prismenflächen jedes

Prüfkörperquerschnitt zu Versuchsbeginn q mm²	Prüfkörperquerschnitt beim Bruch q' mm²	Prüfkörpertemperatur °C	Axiale Druckkraft P_a kg	Wirkzeit von P_a sec	Axiale Spannung σ_n $\frac{g}{mm^2}$	Scherkraft P kg	Wirkzeit von P sec	Scherspannung τ $\frac{g}{mm^2}$	Gußnummer	Datum	Raumtemperatur °C	Prüfkörperquerschnitt zu Versuchsbeginn q mm²	Prüfkörperquerschnitt beim Bruch q' mm²	Prüfkörpertemperatur °C	Axiale Druckkraft P_a kg	Wirkzeit von P_a sec	Axiale Spannung σ_n $\frac{g}{mm^2}$	Scherkraft P kg	Wirkzeit von P sec	Scherspannung τ $\frac{g}{mm^2}$
9,0 ×9,0	81,0	−3	0,0		0	24,0	25	148	1	7. 2. 1947	−3									
9,0 ×9,0	81,0	−3	0,0		0	23,0	10	142	2	8. 2. 1947	−3	9,0 ×9,0	81,6	−3	5,67		70	26,0	10	160
9,0 ×9,0	81,0	−2	0,0		0	23,0	5	142	3	9. 2. 1947	−2	9,0 ×9,0	81,6	−2	5,67		70	26,0	20	160
9,0 ×9,0	81,0	−2	0,0		0	24,0	5	148	4	,,	−2	8,9 ×9,1	81,6	−2	5,67		70	27,5	10	168
									5	10. 2. 1947	−4	9,0 ×9,0	81,6	−4	5,67		70	24,0	5	147
9,0 ×9,0	81,0	−2	0,0		0	23,0	15	142	6	11. 2. 1947	−2	9,0 ×9,0	81,6	−2	5,67		70	25,0	25	153
9,0 ×9,0	81,0	−2	0,0		0	24,0	5	148	7	,,										
9,0 ×9,0	81,0	−1	0,0		0	23,0	10	142	8	12. 2. 1947	−1	9,0 ×9,0	81,0	−1	2,84		35	25,0	15	154
9,0 ×9,0	81,0	−1	0,0		0	22,5	20	139	9	,,	−1	8,9 ×9,1	81,0	−1	2,84		35	24,0	5	148
									10	,,	−1	9,0 ×9,0	81,0	−1	2,84		35	24,0	10	148
9,0 ×9,0	81,0	−2	0,0		0	24,0	20	148	11	24. 2. 1947	−2	9,0 ×9,0	81,0	−2	2,84		35	24,5	5	151
9,0 ×9,0	81,0	−2	0,0		0	23,5	25	145	12	,,	−2	9,0 ×9,0	81,0	−2	2,84		35	25,5	5	157
9,0 ×9,0	81,0	−2	2,84		35	23,5	15	145	13	,,	−2	8,8 ×9,2	81,6	−2	5,67		70	26,0	15	160
8,9 ×9,1	81,0	−2	0,0		0	22,0	20	136	14	25. 2. 1947	−2	9,0 ×9,0	81,0	−2	2,84		35	22,5	10	139
9,0 ×9,0	81,0	−1	2,84		35	23,0	20	142	15	28. 2. 1947	−1	9,0 ×9,0	81,6	−1	5,67		70	27,5	0	168
9,0 ×9,0	81,0	−1	0,0		0	23,0	5	142	16	,,	−1	8,9 ×9,1	81,6	−1	5,67		70	25,0	20	153
9,0 ×9,0	81,0	−1	2,84		35	23,5	20	145	17	2. 3. 1947	−1	9,0 ×9,0	81,6	−1	5,67		70	28,0	5	172
8,9 ×9,1	81,0	+3	8,5		104	28,0	10	173	18	11. 3. 1947	+3	8,9 ×9,0	81,0	+3	8,5		105	28,0	10	173
9,0 ×9,0	81,0	+3	0,0		0	21,5	20	133	19	,,	+3									
9,15×9,0	86,0	0	30,0	5	348	0,0		0	20	13. 3. 1947	+4	8,9 ×9,1	84,0	0	30,0	15	356	0,0		0
9,0 ×9,0	81,0	0	0,0		0	22,5	10	139	21	,,	+4	9,0 ×9,0	81,0	0	0,0		0	22,5	20	139
9,0 ×9,1	83,0	0	8,5		103	29,0	5	174	22	,,	+4	8,95×9,05	85,0	0	30,0	5	355	0,0		0
8,85×9,0	81,0	0	17,0		210	32,5	5	200	23	14. 3. 1947	+6									
9,0 ×9,1	84,0	0	17,0		203	32,0	10	191	24	,,	+6	9,0 ×9,1	84,5	0	22,5		267	31,0	10	184
9,0 ×9,1	84,5	0	22,5		268	33,5	5	194	25	,,	+6	9,1 ×9,2	86,0	0	22,5		263	33,0	10	192
9,0 ×9,0	83,0	0	17,0		205	32,0	10	193	26	,,	+6	9,0 ×9,0	84,5	0	25,0		296	32,0	15	189
9,0 ×9,0	85,0	0	31,5	5	370	0,0		0	27	,,	+6	9,8 ×9,0	84,5	0	25,0		296	34,5	10	204

Zahlentafel 3. *Zweischnittige Scherversuche und einachsige Druckversuche mit quadratischen Paraffin-Prüfkörpern*

einzelnen Prüfkörpers wurde nach dem Erkalten mit Benutzung einer Schablone weggeschabt. Da nur zwei Prüfkörpergußformen vorhanden waren, konnten mit ein und demselben Guß nur zwei Prüfkörper hergestellt werden. Die laufenden Nummern in Zahlentafel 3 sind Nummern des Gusses, dem je zwei derartige unter gleichen Schmelz- und Abkühlbedingungen entstandene Prüfkörper entstammen. Wenn einer der Prüfkörper eines Gusses während der Fertigbearbeitung, die im wesentlichen im auf Maß Schaben bestand, unbrauchbar wurde, so ist in Zahlentafel 3 in der waagerechten Reihe mit der betreffenden Gußnummer nur eine Eintragung vorgenommen.

Wegen des bei Paraffin nicht vernachlässigbaren Einflusses der Zeit wurde die Steigerung der Zerscherkraft P am Hebel h und auch die Stei-

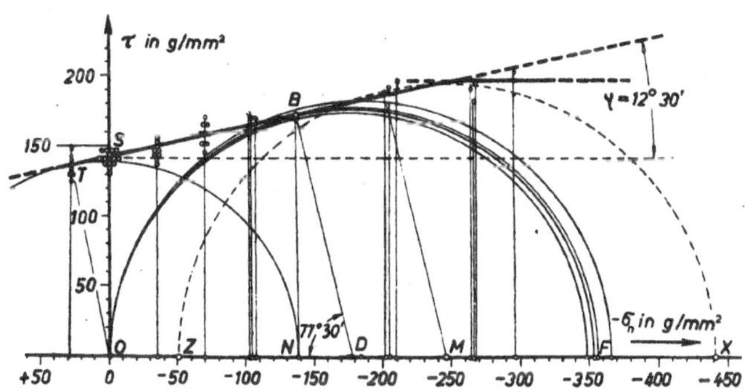

Abb. 35. *Mohr*sches Diagramm zu Zerscher-, Zerdrück- und Zerdrehversuchen mit Paraffin-Prüfkörpern.

gerung der Kraft P_a bei den Zerdrückversuchen so vorgenommen, daß alle 30 sec 0,5 kg Belastung hinzugefügt wurden. Dementsprechend sind in Zahlentafel 3 auch die Zeiten in sec angegeben, während denen die Kräfte P und P_a bis zum Bruch wirkten. Jedoch wurde wegen der ohnehin großen Streuung davon abgesehen, die Zerscher- und Zerdrückkräfte im Hinblick auf die Dauer ihrer Einwirkung zu korrigieren.

In Abb. 35 sind die aus den 44 P-Werten von Zahlentafel 3 sich ergebenden Scherbruchspannungen τ in Abhängigkeit der axialen Spannung σ_n aufgetragen. Die aus den Zerdrückversuchen erhaltenen vier Zerdrückspannungen wurden, entsprechend dem Mohrschen Diagramm, in Abb. 35 auf der negativen σ_n-Achse vom Ursprung aus abgetragen. Die zugehörigen vier Hauptkreise sind in Abb. 35 eingezeichnet. Als wahrscheinlicher Mittelwert ist der Hauptkreis OF mit dem Mittelpunkt D anzusehen. Dieser Kreis berührt die abgleichende Scherspannungsgerade (Mohrsche Umhüllende) durch die aus den Meßwerten von P errechneten τ-Werte im Punkte B und bestätigt somit gut die Mohrsche Forderung für gleiche

Werte τ bzw. σ_n in der bzw. senkrecht zur Bruchebene bei verschiedenen, den Bruch herbeiführenden Spannungszuständen.

Die jeweilig auftretenden Hauptspannungen lassen sich bestimmen gemäß den aus den Mohrschen (1906, S. 192) Gleichungen für τ und σ_n abgeleiteten Gleichungen

$$\sigma_x = \sigma_n - \tau \cdot \operatorname{ctg} \varphi \quad \text{und} \quad \sigma_z = \sigma_n + \tau \cdot \operatorname{tg} \varphi,$$

in denen φ die Hälfte des Komplementwinkels zu γ, dem Neigungswinkel der Umhüllenden, bedeutet. Beispielsweise würden sich für die in Abb. 35 gemessene Neigung der Umhüllenden $\gamma = 12°30'$, also für $\varphi = 38°45'$, und den Meßpunkt $\tau = 191$ g/mm², $\sigma_n = -203$ g/mm² (Gußnummer 24), wenn er genau auf der Umhüllenden läge, als Hauptspannungen die Werte $\sigma_x = -443$ g/mm² und $\sigma_z = -51$ g/mm² ergeben; vgl. die durch den gestrichelten Kreis mit dem Mittelpunkt M bestimmten Abszissenabschnitte in Abb. 35.

Die Werte von τ bei den Normalspannungen -265 g/mm² und -296 g/mm² lassen darauf schließen, daß die Umhüllende im plastischen Bereich in die waagerechte Richtung umbiegt.

Es glückte nicht, die Verlängerung der für den Bereich der Normalspannung zwischen Null und etwa zwei Drittel der Druckfestigkeit sich als Umhüllende ergebenden angenäherten Geraden durch Scherungsversuche mit in ihrer Längsrichtung auf Zug beanspruchten Prüfkörpern zu belegen. Mit der Versuchsanordnung gemäß Abb. 34 durchgeführte Versuche unter Verwendung von durch einachsigen Zug vorgespannten Paraffinprüfkörpern schlugen fehl, weil die Prüfkörper nicht abgeschert wurden, sondern un-

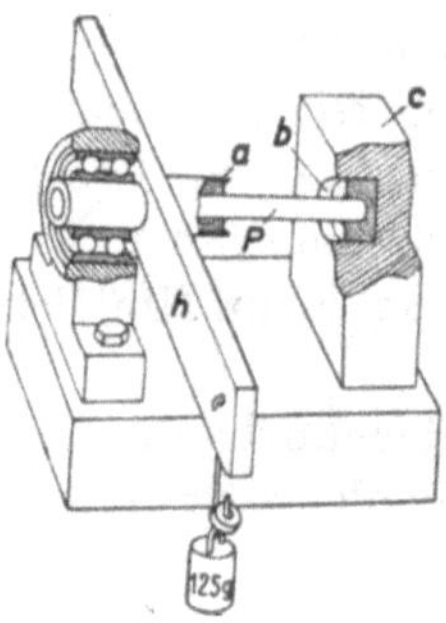

Abb. 36. Teilweise im Schnitt dargestellte Versuchsanordnung zur Bestimmung der Torsionsfestigkeit von zylindrischen Paraffin-Prüfkörpern P, die in der auf Kugeln gelagerten Hohlwelle a und in der Ausdrehung b des hölzernen Gestelles c durch Eingießen von flüssigem, anschließend erstarrendem Paraffin befestigt wurden, durch Auswägen am Hebelarm h, nachdem durch Eintauchen der ganzen Versuchsanordnung mit Ausnahme des Kugellagers in Eiswasser eine Temperatur des Paraffin-Prüfkörpers von 0° C erreicht war.

gefähr in der Mitte des Hartpapierrohres e infolge von Biegespannung abbrachen, so daß die untere, durch Gewichte nach unten gezogene Prüfkörperhälfte aus den Hartpapierrohren c und e herausgezogen wurde.

Da nach der Mohrschen Theorie bei der Voraussetzung, daß die Umhüllende eine Gerade ist, die Größe der Verdrehfestigkeit σ_T gleich der dem Scherbruch bei einachsigem Druck zugeordneten Normalspannung ist, berührt in Abb. 35 der Kreis um O mit dem Halbmesser $ON = 139{,}6$ g/mm² die Umhüllende im Punkte T.

In gemäß Abb. 36 durchgeführten Zerdrehversuchen mit dem gleichen Paraffin, das für die Zerscher- und Zerdrückversuche benutzt wurde, ergaben sich für σ_T die in Zahlentafel 4 enthaltenen Werte mit dem Mittelwert 137,4 g/mm².

Nr.	Datum	Raumtemperatur °C	Prüfkörperdaten: Temperatur °C	Länge mm	Durchmesser d mm	Widerstandsmoment $W = \frac{\pi \cdot d^3}{16}$ mm³	Hebelarm h mm	Bruchlast G g	Zerdrehspannung $\sigma_T = \frac{G \cdot h}{W}$ g/mm²
1	23. 3. 1947	6	0	30	10,5	227	250	119	132
2	26. 3. 1947	2	0	20	10,5	227	250	137	150
3	28. 3. 1947	10	0	35	10,5	227	250	118	130
4	30. 3. 1947	12	0	25	10,5	227	250	125	138
5	,,	12	0	25	10,5	227	250	118	130
6	4. 4. 1947	12	0	20	10,6	233	250	133	143
7	,,	12	0	20	10,3	215	250	108	125
8	,,	12	0	28	10,6	233	250	131	141
9	5. 4. 1947	6	0	25	10,3	215	250	114	135
10	,,	8	0	30	10,6	233	250	138	148

Zahlentafel 4. *Zerdrehversuche mit zylindrischen Paraffin-Prüfkörpern.*

Die Ergebnisse der völlig unabhängig voneinander durchgeführten Scher-, Druck- und Torsionsversuche mit Paraffinprüfkörpern bestätigen, wie Abb. 35 zeigt, gut die Mohrsche Theorie an sich, nämlich daß das Zubruchgehen eines Werkstoffes eindeutig durch die Umhüllende der Hauptspannungskreise, also durch die in der Bruchebene herrschende Scherspannung und die senkrecht zu dieser Ebene wirkende Normalspannung festgelegt ist. Darüber hinaus ergibt sich für den beliebig gewählten Werkstoff Paraffin als Neigung der Umhüllenden zur Abszissenachse der Winkel 12°30′. Als Größe von φ folgt hieraus der Winkel 38°45′, der dem 40°-Winkel des Richtungsschemas nach Abb. 3 entspricht. Für Paraffin stimmt somit angenähert dieses Richtungsschema überein mit den bei Festigkeitsversuchen auftretenden Schwächeflächennetzen.

423 Bestimmung der Neigung der Mohrschen Umhüllenden für Messing und Leichtmetall durch Torsionsversuche und Druck- bzw. Zugversuche

Aus den im vorangehenden Abschnitt beschriebenen Versuchen mit Paraffin geht hervor, daß die Neigung der Mohrschen Umhüllenden, die in vereinfachender Weise als Gerade angenommen wird, hinreichend genau durch verhältnismäßig leicht ausführbare Torsions- und einachsige Druckversuche bestimmt werden kann. Als Beziehung zwischen dem Neigungswinkel τ der umhüllenden Geraden bzw. dem Bruchwinkel φ_D und der Torsionsfestigkeit σ_T sowie der Druckfestigkeit σ_D*) oder der Zugfestigkeit σ_Z ergibt sich nach der Mohrschen Theorie:

$$\sin\gamma = \cos(90^\circ - \gamma) = \cos 2\varphi_D = \frac{-\sigma_D - 2\sigma_T}{-\sigma_D} = \frac{2\sigma_T - \sigma_Z}{\sigma_Z}. \qquad (12)$$

Für die Werkstoffe Messing sowie eine spröde und eine zähe Leichtmetall-Legierung wurden gemäß Gleichung (12) die Neigungen der Umhüllenden experimentell bestimmt. Die Zusammensetzung der drei Metalle ist in Zahlentafel 5 über dem Doppelstrich angegeben. Die Druckfestigkeiten des verwendeten Messings sowie des spröden Leichtmetalls und die Zugfestigkeit der zähen Al-Legierung wurden bestimmt auf einer von der Firma Mannheimer Maschinenfabrik Mohr & Federhoff A.-G. gelieferten, im Materialprüfungsamt Berlin-Dahlem aufgestellten Universalprüfmaschine mit drei wahlweise einstellbaren Meßbereichen von 0···2 t, 0···5 t und 0···10 t. Bei

Metallischer Werkstoff	Analyse I	Analyse II	Mittelwerte
Rundstangenmessing 7,95 mm Ø (Druck- u. Verdrehversuche)	Cu: 60,66 Zn: 38,74 99,40	Cu: 60,65 Zn: 38,17 98,82	Cu: 60,66 % Zn: 38,46 % 99,12 %
Rundstangenleichtmetall 10,1 mm Ø (Druck- u. Verdrehversuche)	Mg: 92,38 Al: Rest (nicht bestimmt)	Mg: 94,16 Al: Rest (nicht bestimmt)	Mg: 93,27 % Al: Rest (nicht bestimmt)
Rundstangenleichtmetall 16,1 mm Ø (Zug- u. Verdrehversuche)	Al: 97,27 Mg: 1,4 98,67	Al: 97,30 Mg: 2,0 99,30	Al: 97,29 % Mg: 1,7 % 98,99 %
Stangenmessing 10 mm × 15 mm (Zugvers. m. genuteten Prüfk.)	Cu: 59,65 Zn: 39,20 98,85	Cu: 60,59 Zn: 39,20 99,79	Cu: 60,12 % Zn: 39,20 % 99,32 %
Stangenleichtmetall (Flugzeugwerkstoff) 16,1 mm × 70,3 mm (Druckvers. m. genuteten Prüfk.)	Cu: 3,49 Mg: Spur Al: Rest (nicht bestimmt)		Cu: 3,49 % Mg: Spur Al: Rest (nicht bestimmt)

Zahlentafel 5. *Zusammensetzung von fünf zu Prüfkörpern benutzten metallischen Werkstoffen nach quantitativen Vollanalysen durch die Firma Chemisches Laboratorium für Analyse und Entwicklung Dr.-Ing. Schlüter, Berlin-Charlottenburg.*

*) Im Abschnitt 422 wurde die Druckfestigkeit der Einfachheit halber mit σ_n bezeichnet.

Druck- bzw. Zugversuche					Torsionsversuche						
Durchmesser d mm	Querschnitt q mm²	Länge l mm	Bruchlast P kg	Bruchspannung $\sigma = \frac{P \cdot 100}{q}$ kg/cm²	Größter Durchmesser d mm	Durchmesser in Kerbnut bzw. im dünnen Schaft mm	Länge mm	Torsionsbruchlast P_T kg	Hebelarm h mm	Widerstandsmoment $W = \frac{\pi \cdot d^3}{16}$ mm³	Torsionsbruchspannung $\sigma_T = \frac{100 \cdot h \cdot P_T}{W}$ kg/cm²
					7,95	4,30	19	1	680	15,65	4370
					7,95	5,32	12	1	1435	29,65	4850
					7,95	4,12	21	1	575	12,68	4540
4,1	13,2	9,2	1360	10280	7,95	4,60	14	1	760	19,12	3980
4,6	16,6	10,0	1770	10600	7,95	4,30	19	1	620	15,65	3970
Mittelwert der Druckfestigkeit				10440	Messing			Mittelwert der Zerdrehfestigkeit			4340
10,0	78,5	30,7	3620	4600	10,1	4,90	13	1	470	23,2	2030
10,0	78,5	28,0	3680	4700	10,1	5,60	17	1	695	34,5	2020
10,0	78,5	30,3	3620	4600	10,1	5,77	14	1	735	37,7	1950
Mittelwert der Druckfestigkeit				4425	Sprödes Leichtmetall			Mittelwert der Zerdrehfestigkeit			2000
11,1	96,5	38,3	2560	2660							
11,1	96,5	38,0	2550	2650	16,0	6,4	42	2	405	51,5	1570
11,12	97,0	38,2	2558	2640	16,0	7,15	42	2	530	71,5	1480
Mittelwert der Zugfestigkeit				2650	Zähes Leichtmetall			Mittelwert der Zerdrehfestigkeit			1525

Zahlentafel 6. *Bestimmung der Druck- und Torsionsfestigkeit einer Messingsorte und eines spröden Leichtmetalls sowie der Zug- und Torsionsfestigkeit eines zähen Leichtmetalls.*

den Zerdrückversuchen wurden zylindrische Prüfkörper benutzt, deren Verhältnis von Länge zu Durchmesser ungefähr gleich 3 war. Die Zerdrehversuche wurden in Ermangelung einer Torsionsfestigkeits-Prüfmaschine, ähnlich wie in Abb. 34 dargestellt ist, auf einer Drehbank durchgeführt. Der bei den Messungen durch Gewichte belastete Meßhebel am Spannfutter des Spindelstockes der Drehbank war vorher so austariert worden, daß die Reibung in den Spindelstocklagern weitgehend ausgeglichen war.

Zur Vermeidung eines Bruchs an den Einspannstellen wurden bei den Torsionsversuchen mit Messing und dem spröden Leichtmetall die zylindrischen Prüfkörper ungefähr in der Mitte zwischen den Einspannstellen mit einer schmalen Nut mit Hohlkehlenrändern versehen, wodurch der Bruch an dieser Stelle erzwungen wurde. Die Knappheit des Werkstoffes verbot die Herstellung von langen Prüfkörpern mit Bunden an den Einspannstellen, wie sie für die Verdrehungs- und Zerreißversuche mit dem zähen Leichtmetall verwendet wurden.

Zahlentafel 6 enthält die Zahlenangaben und Meßwerte der Versuchsreihen. Bei den Verdrehversuchen mit dem zähen Leichtmetall kam es nicht zum Bruch des Werkstoffes, da nach einer Verdrehung von etwa 40° der Meßhebel am Drehbankbett anschlug. Demnach entspricht der für das zähe Leichtmetall gemäß Zahlentafel 6 erzielte Mittelwert von 1525 kg/mm² eher der Streckgrenze als der etwas höher liegenden Zerdrehfestigkeit.

Werkstoff	$\gamma = \arcsin \frac{-\sigma_D - 2\sigma_T}{-\sigma_D} = \arcsin \frac{2\sigma_T - \sigma_Z}{\sigma_Z}$	$\varphi_D = \frac{\pi - 2\gamma}{4}$
Messing	9° 45′	40° 08′
Sprödes Leichtmetall	5° 30′	42° 15′
Zähes Leichtmetall	8° 30′	40° 45′

Zahlentafel 7. *Nach der Mohrschen Theorie in vereinfachter Fassung berechnete Neigungen γ der umhüllenden Geraden und Druckbruchwinkel φ_D für Messing, ein sprödes und ein zähes Leichtmetall.*

Die aus den Mittelwerten von σ_T und σ_D bzw. σ_Z in Zahlentafel 6 berechneten γ-Werte und Bruchwinkel φ_D sind in Zahlentafel 7 angegeben. Sie sind nicht, wie für Paraffin gefunden wurde, um ein geringes Maß kleiner als der empirisch festgestellte Wert $\varphi_D = 40°$, sondern um ein geringes Maß, nämlich um 0°08′, 2°15′ bzw. 0°45′, größer. Das bei Festigkeitsversuchen auftretende Schwächeflächennetz der drei beliebig gewählten weiteren Werkstoffe stimmt somit angenähert überein mit dem Schwächeflächennetz nach Abb. 3.

424 Zug- und Druckversuche mit verschieden geneigt genuteten Metallprüfkörpern

Die bevorzugte Ausbildung von angenäherten 50°-Bruchwinkeln beim einachsigen Zugversuch und von angenäherten 40°-Bruchwinkeln beim einachsigen Druckversuch wurde auch durch die nachfolgend beschriebenen drei Versuchsreihen unter Beweis gestellt.

Aus Stangenmessing von 10 mm × 15 mm Querschnitt und der in Zahlentafel 5 unter dem Doppelstrich angegebenen Zusammensetzung wurden Prüfkörper für Zerreißversuche hergestellt durch Absägen geeignet langer Stücke und Einfräsen von einander gegenüberliegenden Nuten auf den 15 mm breiten Seitenflächen unter einem bestimmten Winkel. Einer der so erhaltenen Prüfkörper ist in Abb. 37 unten abgebildet, jedoch ist der Deutlichkeit halber in dieser Skizze die Breite der Nuten übertrieben groß dargestellt. Entsprechend einer Breite von 1 mm des zum Nuten

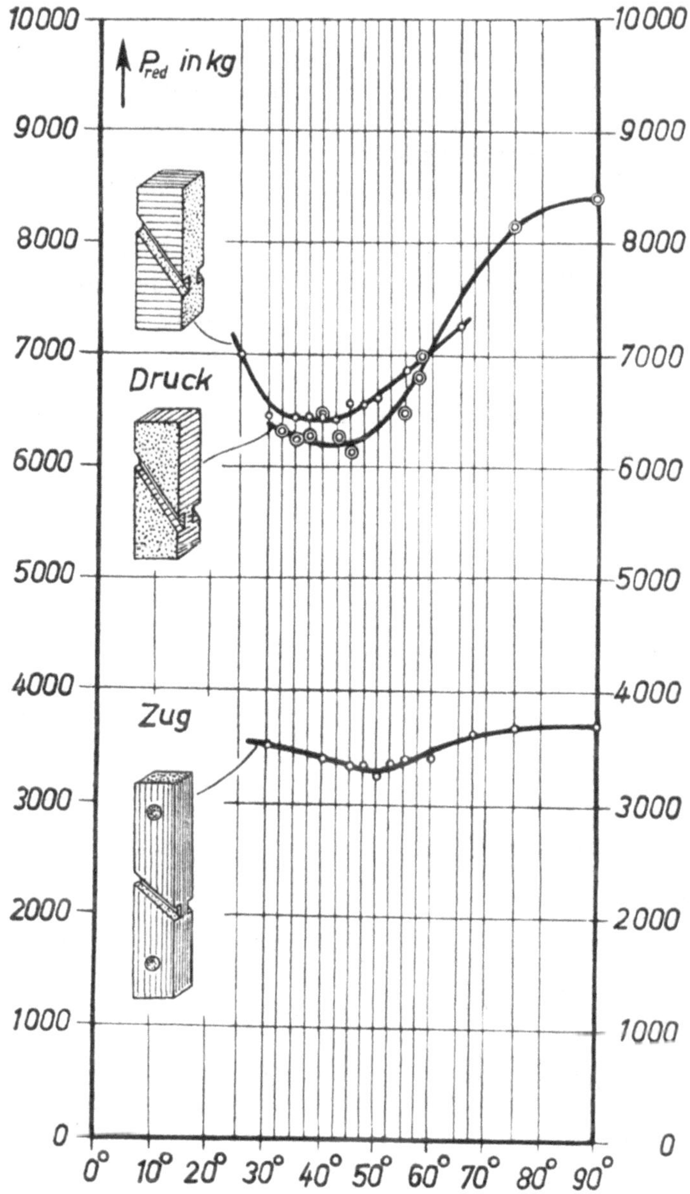

Abb. 37. Auf einheitliche Querschnitte bezogene Bruchlasten P_{red} bei Druckversuchen (oben) und Zugversuchen (unten) in Abhängigkeit von dem Winkel φ, unter dem betreffenden Prüfkörper beiderseits genutet sind. Die Richtung der durch das Auswalzen des Prüfkörperwerkstoffes bei der Herstellung bedingten Faserstruktur ist in den den Kurven zugeordneten Skizzen durch parallele Linien bzw. durch Punkte auf den Oberflächen der Prüfkörper angedeutet. Die Kurvenpunkte sind Mittelwerte aus Zahlentafel 8 bis Zahlentafel 10.

benutzten Kreissägenblattes betrug die Breite der Nuten 1,1 ··· 1,2 mm. Es wurde eine Nutentiefe von 3 mm angestrebt, so daß sich eine Stegbreite $s_0 = 10 - 6 = 4$ mm als ideelle Prüfkörperbreite im Zerreißquerschnitt ergab. Die Größe des Winkels φ zwischen der Längsrichtung der Nuten und der Längsrichtung der Prüfkörper, also der Zugrichtung, wurde mit dem 360°-Teilkreis des Tisches der zum Nuten benutzten Fräsmaschine eingestellt. Es wurden 16 Prüfkörper hergestellt, gemäß den Angaben von Zahlentafel 8. Die in Abb. 37 unten, in der Skizze des Zerreißkörpers an seinen Enden angedeuteten Bohrungen wurden bei allen 16 Prüfkörpern angebracht. Die Einspannung erfolgte zwischen je einer Bohrung und dem Ende mit gerieften Klemmbacken. Durch die Bohrungen sollte das Auftreten von zusätzlicher Biegespannung während des Zerreißens auf ein Mindestmaß beschränkt werden.

Die erzielten Bruchlasten P sind in Zahlentafel 8 in Spalte 3 angegeben. Spalte 4 enthält die auf die ideelle Stegbreite $s_0 = 4$ mm umgerechneten

Nr.	Erzwungener Bruchwinkel φ	Zerreißkraft P kg	$P_{red} = \frac{P \cdot 4{,}0}{s}$ kg	Stegbreite links mm	rechts mm	Mittel s mm	Länge der Schräge mm	Breite mm	Länge mm	Datum
1	30°	3620	3530	4,1	4,1	4,1	29,8	15,0	157	9. 12. 1946
2	40°	3650	3400	4,3	4,3	4,3	23,4	15,0	140	,,
3	45°	3340	3340	4,0	4,0	4,0	21,0	15,0	129	,,
4	47,5°	3350	3350	4,0	4,0	4,0	20,1	15,0	122	,,
5	50°	3230	3280	3,9	4,0	3,95	19,1	15,0	118	,,
6	50°	3450	3320	4,1	4,2	4,15	19,4	15,0	118	,,
13	50°	3120	3210	4,05	3,7	3,88	19,9	15,0	65	14. 1. 1947
14	50°	3080	3230	4,05	3,6	3,82	19,8	15,0	63	,,
7	52,5°	3780	3370	4,4	4,6	4,5	18,8	15,0	109	9. 12. 1946
8	55°	3570	3440	4,1	4,2	4,15	18,0	15,0	102	7. 12. 1946
15	55°	3450	3350	4,2	4,05	4,12	18,5	15,0	59	14. 1. 1947
9	60°	3460	3430	4,1	4,0	4,05	17,3	15,0	86	9. 12. 1946
16	60°	3420	3380	4,1	4,0	4,05	17,3	15,0	58	14. 1. 1947
10	67,5°	3750	3630	4,0	4,25	4,13	16,0	15,0	110	9. 12. 1946
11	75°	3870	3680	4,2	4,2	4,2	15,2	15,0	80	,,
12	90°	3620	3700	3,9	3,9	3,9	15,0	15,0	88	7. 12. 1946

Zahlentafel 8. *Zugversuche mit beiderseits unter dem Winkel φ genuteten Prüfkörpern aus Stangenmessing von 10 mm × 15 mm Querschnitt; vgl. Abb. 37 unten sowie Abb. 31 und 38.*
Die Walzrichtung verlief parallel zur Zugrichtung.

Bruchlasten P_{red}. Diese Werte wurden, sofern zwei oder mehrere Werte für den gleichen Winkel φ vorlagen, gemittelt und ergaben die Kurve in Abb. 37 unten mit einem deutlichen Minimum bei $\varphi = 50°$.

Mit Hilfe von Zahlentafel 8 wurden für die φ-Werte 30°, 40°, 45°, 47,5°, 50°, 52,5°, 55°, 60°, 67,5°, 75° und 90° aus den einzelnen P_{red}-Werten bzw. deren Mittelwerten und dem ideellen Zerreißquerschnitt $4 \cdot 15 = 60$ mm² die ideellen Hauptspannungen σ_z berechnet. Gemäß der Mohrschen Theorie wurden in Abb. 38 über der positiven σ_n-Achse als Durchmesser die die τ-Achse berührenden Hauptspannungskreise der Zugfestigkeit gezeichnet und in den Mittelpunkten dieser Kreise die zugehörigen

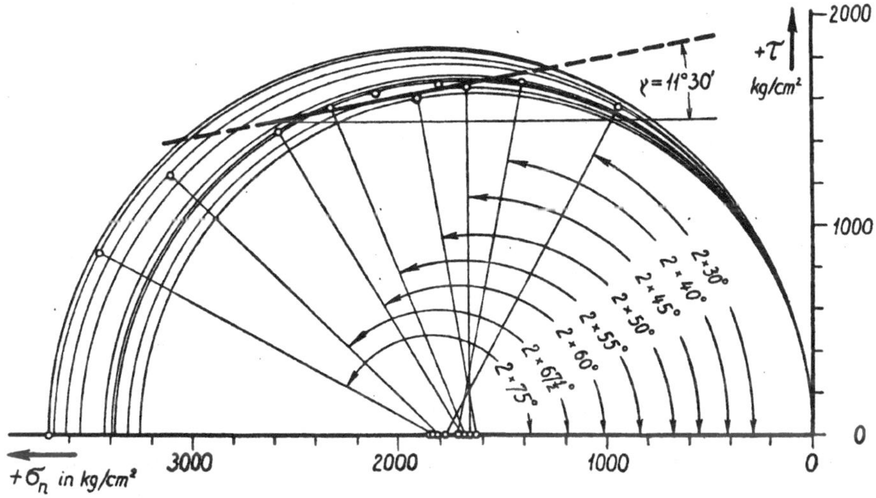

Abb. 38. Ergebnisse von Zerreißversuchen mit verschieden geneigt genuteten Messing-Prüfkörpern in *Mohr*scher Darstellung; vgl. Zahlentafel 8.

Winkel 2φ an die negative σ_n-Richtung angetragen. Die Schnittpunkte der freien Schenkel dieser Winkel mit den zugehörigen Kreisen bestimmen die Umhüllende des Mohrschen Diagramms. Für den Bereich zwischen $2\varphi = 80°$ und $2\varphi = 120°$ ergibt sich eine Neigung der Umhüllenden von 11°30'. Als dem Kleinstwert von σ_z zugeordneter Bruchwinkelwert ergibt sich somit $\varphi_Z = 50°45'$ bzw. $\varphi_D = 39°15'$ in guter Übereinstimmung mit dem Richtungsschema nach Abb. 3.

Auf die bei den voranstehend beschriebenen Zugversuchen erfolgte Ausbildung von vorzugsweise um 50° geneigt zur Zugrichtung verlaufenden Scherungsebenen wurde bereits auf Seite 76 an Hand von Abb. 31 hingewiesen, in der Abwicklungen der Bruchstücke der benutzten Prüfkörper schematisch dargestellt sind.

Da der für die Zugversuche benutzte Werkstoff nicht in genügender Menge zur Verfügung stand, wurden entsprechende Druckversuche mit einem anderen Werkstoff ausgeführt. Von einer Stange aus Leichtmetall von 16,1 mm × 70,3 mm Querschnitt und der in Zahlentafel 5 unter dem Doppelstrich angegebenen Zusammensetzung wurden zunächst Streifen von angenähert 16,1 mm Breite auf einer Fräsmaschine abgesägt, so daß Prüfkörperrohlinge von 70,3 mm Länge und ungefähr quadratischem Querschnitt entstanden. Diese Rohlinge wurden in der gleichen Weise wie die beschriebenen Prüfkörper aus Stangenmessing mit dem gleichen Kreissägenblatt von 1 mm Breite genutet. Jedoch wurde als Stegbreite das Maß

Nr.	Erzwungener Bruchwinkel φ	Zerdrückkraft gemessen P kg	Zerdrückkraft reduziert $P_{red}=\frac{P\cdot 6\cdot 16{,}1}{s\cdot b}$ kg	Stegbreite links mm	Stegbreite rechts mm	Stegbreite Mittel s mm	Breite b mm	Länge mm	Datum
1	25°	7020	7100	6,1	5,8	5,95	16,65	70,3	14. 1. 1947
2	25°	6780	6920	5,9	6,08	5,99	15,8	70,3	,,
3	30°	6820	6500	6,05	6,5	6,27	16,2	70,3	,,
4	30°	6670	6440	5,9	6,3	6,1	16,4	70,3	,,
5	35°	6470	6390	6,2	5,8	6,0	16,3	70,3	,,
6	35°	6320	6500	5,8	5,7	5,75	16,35	70,3	,,
7	37,5°	6180	6320	5,6	6,0	5,8	16,27	70,3	,,
8	37,5°	6470	6560	5,78	5,9	5,84	16,3	70,3	,,
9	40°	6360	6300	5,9	5,95	5,92	16,5	70,3	,,
10	40°	6710	6560	6,0	5,9	5,95	16,6	70,3	,,
11	42,5°	7070	6550	6,2	6,15	6,17	17,0	70,3	,,
12	42,5°	6540	6300	5,8	6,4	6,1	16,45	70,3	,,
13	45°	6880	6500	6,15	6,3	6,22	16,45	70,3	,,
14	45°	7120	6590	6,35	6,35	6,35	16,45	70,3	9. 12. 1946
15	45°	6680	6680	6,2	5,8	6,0	16,1	70,3	14. 1. 1947
16	45°	6740	6550	5,98	6,12	6,05	16,4	70,3	,,
17	47,5°	6550	6520	5,7	6,2	5,95	16,3	70,3	,,
18	47,5°	6540	6630	5,8	5,9	5,85	16,3	70,3	,,
19	50°	6730	6710	5,85	6,1	5,98	16,2	70,3	,,
20	50°	7060	6540	6,3	6,5	6,4	16,3	70,3	,,
21	55°	6880	6940	5,97	5,82	5,9	16,25	70,3	,,
22	55°	7120	6840	5,85	6,1	5,89	16,8	70,3	,,
23	65°	7130	7320	5,9	5,92	5,91	15,9	70,3	,,
24	65°	7240	7240	6,0	6,0	6,0	16,05	70,3	,,

Zahlentafel 9. *Druckversuche mit beiderseits unter dem Winkel φ genuteten Prüfkörpern aus Stangenleichtmetall von 16,1 mm × 70,3 mm Querschnitt.*
Die Walzrichtung verlief senkrecht zur Druckrichtung und schräg zur Nutungsebene; vgl. Abb. 37, obere Skizze.

Nr.	Erzwungener Bruchwinkel φ	Zerdrückkraft gemessen P kg	Zerdrückkraft reduziert $P_{red} = \frac{P \cdot 6{,}0}{s}$ kg	Stegbreite links mm	Stegbreite rechts mm	Stegbreite Mittel s mm	Breite mm	Länge mm	Datum
1	32,5°	6380	6260	6,2	5,95	6,12	16,4	70,3	30. 1. 1947
2	32,5°	6460	6390	6,1	6,05	6,07	16,7	70,3	,,
3	35°	6470	6425	6,1	5,98	6,04	14,7	70,3	,,
4	35°	6130	6060	6,2	5,95	6,07	16,3	70,3	,,
5	37,5°	6000	6205	6,2	5,4	5,8	16,8	70,3	,,
6	37,5°	6380	6380	6,2	5,8	6,0	15,7	70,3	,,
7	40°	6690	6550	6,12	6,12	6,12	16,6	70,3	,,
8	40°	6080	6345	5,9	5,6	5,75	17,0	70,3	,,
9	42,5°	6590	6370	6,4	6,2	6,3	15,8	70,3	,,
10	42,5°	6180	6180	6,0	6,0	6,0	16,6	70,3	,,
11	45°	6080	6050	6,0	6,05	6,03	17,1	70,3	,,
12	45°	5970	6225	5,9	5,6	5,75	16,1	70,3	,,
13	55°	6240	6350	6,0	5,75	5,88	17,2	70,3	,,
14	55°	6480	6640	6,0	5,73	5,86	15,7	70,3	,,
15	57,5°	6350	6805	5,7	5,5	5,6	15,7	70,3	,,
16	58°	7000	7000	6,0	6,0	6,0	16,4	70,3	,,
17	75°	7650	8125	5,65	5,65	5,65	16,2	70,3	,,
18	90°	8370	8370	6,1	5,9	6,0	16,3	70,3	,,

Zahlentafel 10. *Druckversuche mit beiderseits unter dem Winkel φ genuteten Prüfkörpern aus Stangenleichtmetall von 16,1 mm × 70,3 mm Querschnitt.*
Die Walzrichtung verlief senkrecht zur Beanspruchungsrichtung und parallel zur Nutungsebene; vgl. Abb. 37, mittlere Skizze.

6 mm angestrebt, entsprechend einer Nutentiefe von 5,05 mm. Es wurden 42 Prüfkörper hergestellt für zwei Meßreihen mit 24 bzw. 18 Zerdrückversuchen. Bei der Meßreihe mit 24 Prüfkörpern war die Walzrichtung so zur Nutungsebene orientiert, wie die Skizze in Abb. 37 oben darstellt, d. h. die Walzfaser durchsetzte die Nutungsebene in schräger Richtung. Bei der anderen Meßreihe mit 18 Prüfkörpern verlief die Walzrichtung parallel zur Nutungsebene; vgl. Abb. 37, mittlere Skizze.

Zahlentafel 9 und Zahlentafel 10 enthalten die für die beiden Meßreihen erzielten Bruchlasten P, die in ähnlicher Weise wie die der Zugversuche auf die ideelle Stegbreite von 6 mm und im Falle der Meßreihe mit 24 Prüfkörpern auch auf die ideelle Prüfkörperbreite von 16,1 mm umgerechnet wurden. Durch Mitteln der so erhaltenen Werte P_{red} ergaben sich die in Abb. 37 oben und mitten dargestellten Bruchlastkurven in Abhängigkeit von dem Nutungswinkel φ. Beide Kurven haben ein Minimum angenähert bei $\varphi = 40°$ in Übereinstimmung mit dem Richtungsschema nach Abb. 3. Der Einfluß der Lage der Walzrichtung ist gering. Die Erniedrigung der Bruchlast im Falle des parallelen Verlaufs der Walzfaser zur Nutungsebene ist ohne weiteres einleuchtend.

So wie bei den Zugversuchen mit genuteten Prüfkörpern gemäß Abb. 31 auf Seite 76 die um 50° zur Zugrichtung geneigte Scherungsebene besonders glatt und störungsfrei zur Ausbildung gelangte, so trat bei den Druckversuchen mit genuteten Prüfkörpern ein glatter Bruch längs einer einzigen Ebene dann in Erscheinung, wenn der Neigungswinkel der Scherungsebene zur Druckrichtung 40° betrug. Je mehr der Winkel zwischen der Nutungsebene und der Druckrichtung vom Werte 40° nach oben oder unten abwich, desto deutlicher zeigten die Bruchstücke die Tendenz zur Ausbildung einer Bruchebene, die zur Druckrichtung um 40° geneigt verlief. Auch die Tendenz zur giebelförmigen Ausbildung der Bruchfläche bei hohen und niedrigen Werten von φ konnte, wenn auch nicht so deutlich wie bei den Zugversuchen, beobachtet werden; vgl. Abb. 31.

Ebenso wie für die Zugversuche (Abb. 38) wurden auch für die Druckversuche mit genuteten Prüfkörpern Mohrsche Diagramme gezeichnet. Sie sind hier nicht wiedergegeben. Aus ihnen ergaben sich Neigungen der Umhüllenden von 11°···16° zwischen $2\varphi = 50°$ und $2\varphi = 100°$ gemäß Zahlentafel 9 sowie von 4°···9° zwischen $2\varphi = 65°$ und $2\varphi = 116°$ gemäß Zahlentafel 10.

425 Druckversuche mit Hartpapierprüfkörpern verschiedener Schichtungsneigung

Bei den voranstehend beschriebenen Versuchen wurde die Lage der Bruchfläche in hohem Maße vorbestimmt durch die Lage der den Querschnitt schwächenden Nuten. Bei den nunmehr erörterten Versuchen mit Hartpapier war eine derartige Querschnittschwächung überflüssig, da die Neigung der Schichtung die Bruchfläche bzw. -flächen vorbestimmte.

Aus einer ebenen Hartpapierplatte von 28 mm Schichtungshöhe wurden Streifen von 9,5 mm bis 14 mm Breite quer zur Schichtung abgesägt und die Schnittflächen auf Glaspapier geschliffen. Aus diesen Streifen wurden auf einer Fräsmaschine mit Teilkreisdrehtisch 50 Prüfkörperrohlinge mit verschiedener, mit dem Teilkreis eingestellter Schichtneigung herausgeschnitten, wie es Abb. 39 schematisch zeigt. Dann wurden die vier neuen Schnittflächen der Prüfkörperrohlinge auf Glaspapier, das auf eine Richtplatte aufgelegt war, von Hand geschliffen.

Die fertigen vermaßten Prüfkörper wurden in der vorgenannten Universalprüfmaschine des Materialprüfungsamtes Berlin zerdrückt. Die Ab-

Nr.	φ	Zerdrückkraft P kg	Zerdrückspannung $\sigma = P/q$ kg/cm²	Querschnitt unten mm × mm	Querschnitt oben mm × mm	Querschnitt Mittel q cm²	Länge mm	Zahl der Bruchstücke	Datum
1	0°	1510	1510	10,0 × 10,0	10,0 × 10,0	1,000	29,6	4	14. 1. 1947
2	0°	1520	1520	10,2 × 9,8	10,2 × 9,8	1,000	28,5	2	,,
7	0°	1620	1628	9,7 × 10,2	9,8 × 10,2	0,995	30,4	3	,,
37	0°	1875	1808	9,55 × 10,8	9,5 × 11,0	1,038	30,0	2	15. 2. 1947
38	0°	1670	1600	9,5 × 11,0	9,4 × 11,1	1,044	35,7	2	,,
39	0°	1475	1520	10,2 × 9,6	10,2 × 9,5	0,975	25,8	4	,,
8	15°	325	325	10,0 × 10,0	10,0 × 10,0	1,000	28,2	2	14. 1. 1947
9	15°	365	368	9,9 × 10,0	10,0 × 10,0	0,995	25,6	2	,,
25	15°	1145	727	12,0 × 12,9	12,4 × 12,9	1,575	33,8	3	30. 1. 1947
26	15°	1455	1100	13,6 × 10,6	12,8 × 10,5	1,355	32,0	3	,,
40	15°	1270	1180	11,5 × 9,7	11,0 × 9,4	1,075	31,3	2	15. 2. 1947
41	15°	1590	1027	12,7 × 11,9	13,2 × 11,7	1,530	31,0	4	,,
42	25°	1755	1115	12,7 × 12,5	12,9 × 12,1	1,575	27,2	4	,,
43	25°	1845	1067	13,6 × 12,5	14,0 × 12,6	1,730	26,6	2	,,
44	25°	1310	1071	11,1 × 10,6	12,2 × 10,4	1,223	32,7	2	,,
45	25°	1265	1075	12,0 × 10,1	11,4 × 10,0	1,175	29,6	2	,,
46	25°	415	188	11,6 × 12,8	11,2 × 12,9	1,460	21,5	2	,,
47	30°	825	773	10,4 × 10,4	10,3 × 10,2	1,068	34,4	2	,,
48	35°	1455	1048	11,1 × 12,6	11,0 × 12,5	1,390	23,4	2	,,
27	37,5°	985	896	10,6 × 10,6	10,3 × 10,5	1,100	28,9	5	30. 1. 1947
28	37,5°	735	673	9,6 × 11,7	9,1 × 11,7	1,092	29,7	2	,,
10	40°	925	740	12,4 × 10,3	12,4 × 10,3	1,258	18,1	2	14. 1. 1947
11	40°	1085	968	11,2 × 10,0	11,2 × 10,0	1,120	13,1	2	27. 1. 1947
12	40°	950	935	10,6 × 9,6	10,6 × 9,6	1,017	27,3	2	,,
29	40°	1035	842	12,0 × 10,3	12,0 × 10,3	1,230	28,0	2	30. 1. 1947
49	40°	1030	858	12,2 × 12,2	12,0 × 12,4	1,550	27,9	2	15. 2. 1947
30	42,5°	1185	1067	10,5 × 10,8	10,5 × 10,8	1,132	26,8	2	30. 1. 1947
31	42,5°	1090	800	10,7 × 12,9	10,5 × 12,8	1,362	26,4	2	,,
32	42,5°	1590	1087	10,8 × 14,9	10,5 × 14,6	1,424	24,9	2	,,
3	45°	1000	1000	10,0 × 10,0	10,0 × 10,0	1,000	31,2	4	14. 1. 1947
4	45°	885	885	10,0 × 10,0	10,0 × 10,0	1,000	28,5	3	,,
5	45°	1190	1190	10,0 × 10,0	10,0 × 10,0	1,000	18,0	5	,,
13	45°	1500	1300	11,0 × 10,5	11,0 × 10,5	1,155	26,4	6	27. 1. 1947
14	45°	1465	1270	11,2 × 10,3	11,1 × 10,4	1,153	26,9	4	,,
15	45°	1285	1204	11,0 × 9,7	11,0 × 9,7	1,067	28,3	3	,,
50	45°	1160	1197	10,2 × 9,6	10,3 × 9,3	0,970	25,9	6	15. 2. 1947
6	47,5°	1150	1150	10,0 × 10,0	10,0 × 10,0	1,000	29,0	3	14. 1. 1947
33	47,5°	1675	1360	10,3 × 12,3	10,1 × 12,0	1,232	26,3	4	30. 1. 1947
34	50°	1695	1274	10,5 × 13,0	10,2 × 12,7	1,331	23,5	2	,,
16	60°	3480	2810	11,2 × 10,1	11,2 × 10,1	1,240	24,5	2	27. 1. 1947
17	60°	2615	2467	10,7 × 9,9	10,7 × 9,9	1,060	23,7	3	,,
18	60°	2935	2550	10,8 × 10,7	10,8 × 10,7	1,155	22,4	?	,,
19	75°	3510	3345	10,4 × 10,1	10,4 × 10,1	1,050	23,4	?	,,
20	75°	2825	2668	10,5 × 10,1	10,5 × 10,1	1,060	22,6	?	,,
21	75°	4320	4035	10,5 × 10,2	10,5 × 10,2	1,070	22,6	?	,,
22	90°	4005	4005	10,1 × 10,0	10,0 × 9,9	1,000	26,5	3	,,
23	90°	3550	3412	10,2 × 10,2	10,2 × 10,2	1,040	26,8	4	,,
24	90°	3360	3208	10,2 × 9,6	10,2 × 9,6	1,047	26,5	3	,,
35	90°	3780	3630	10,2 × 10,2	10,2 × 10,2	1,040	16,7	3	30. 1. 1947
36	90°	3129	2950	10,5 × 10,1	10,5 × 10,1	1,060	26,3	3	,,

Zahlentafel 11. *Druckversuche mit Hartpapierprüfkörpern verschiedener Schichtungsneigung; vgl. Abb.40.*

messungen, die gemessenen Bruchlasten und die auf den Querschnitt 1 cm² bezogenen Bruchspannungen der 50 Prüfkörper sind in Zahlentafel 11 enthalten. Es stellte sich heraus, daß die Vorschubrichtung der Kreissäge,

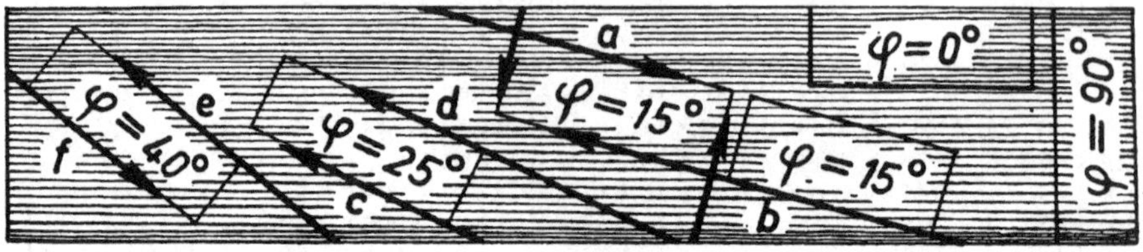

Abb. 39. Bei der Herstellung von Hartpapier-Prüfkörpern verschiedener Schichtneigung erwiesen sich die Kreissägeblatt-Vorschubrichtungen *a*, *b* und *c* als günstig, während bei Vorschubrichtungen *d*, *e* und *f* der Schichtenverband infolge von einseitiger Sperrung geschwächt wurde. Abbildungsmaßstab: ungefähr natürliche Größe.

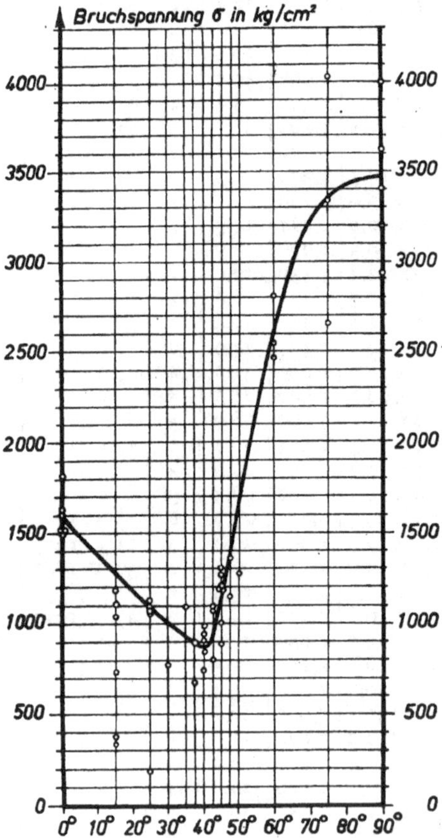

Abb. 40. Druckversuche mit Prüfkörpern aus Hartpapier verschiedener Schichtungsneigung.

mit der die Prüfkörperrohlinge ausgeschnitten wurden, von Einfluß auf die Bruchlast war. Höhere Festigkeitswerte ergaben sich bei Prüfkörpern, die mit einem den Pfeilen *a* und *b* von Abb. 39 entsprechenden Kreissägenvorschub ausgeschnitten wurden. Geringere Festigkeitswerte ergaben sich mit Prüfkörpern, die mit einem den Pfeilen *c* und *d* bzw. *e* und *f* entsprechenden Vorschub ausgeschnitten wurden. Es ist leicht einzusehen, daß bei den Vorschubrichtungen *d*, *e* und *f* eine Aufrauhung der Oberflächen der Prüfkörper durch die bearbeitende Kreissäge erfolgen muß. Die Prüfkörper Nr. 3···6 und 8···10 wurden mit einem den Pfeilen *c* und *d* von Abb. 37 entsprechendem Vorschub hergestellt. Beim Fertigen der Prüfkörper Nr. 8 und 9 konnte festgestellt werden, daß das Aussehen der durch die Kreissäge bearbeiteten Flächen bei ein und demselben Schnitt zu beiden Seiten der Kreissäge verschieden war. Deshalb wurden die Prüfkörper Nr. 11···21, 25···34, 40···45 und 47···50 mit Kreissägevorschüben, entsprechend den Pfeilen *a* und *b* von Abb. 37, hergestellt. Der Prüfkörper Nr. 46 wurde mit Vorschüben, entsprechend den Pfeilen *e* und *f* von Abb. 37, ausgesägt. Dementsprechend wurden die Prüfkörper Nr. 8, 9 und 46 beim Mitteln nicht berücksichtigt. Auch der Prüfkörper Nr. 25 wurde ausgeschieden, da schon vor dem Zerdrücken eine rißartige Schwächestelle entdeckt wurde. Der Prüfkörper Nr. 39 wurde ungeschliffen zerdrückt. In den Spalten 5 und 6 von Zahlentafel 11 ist als erstes Maß die Breite des betreffenden Prüfkörpers in der Streichrichtung der Schichtung angegeben, während an zweiter Stelle die Breite des Prüfkörpers quer zum Fallen der Schichtung folgt.

In Abb. 40 sind die errechneten Bruchspannungen σ der zerdrückten Hartpapierprüfkörper in Abhängigkeit der Schichtneigung φ aufgetragen. Unter Vernachlässigung der mit den Prüfkörpern Nr. 8, 9, 25 und 46 erhaltenen Werte und besonderer Berücksichtigung der Mittelwerte von σ für $\varphi = 0°$, $\varphi = 25°$, $\varphi = 40°$, $\varphi = 60°$, $\varphi = 75°$ und $\varphi = 90°$ wurde eine abgleichende σ-Kurve gezogen. Das Minimum der Kurve liegt bei $\varphi = 37°$ bis $\varphi = 40°$.

Die Versuche mit den Hartpapierprüfkörpern bestätigen also auch deutlich das Richtungsschema nach Abb. 3.

5 NACHTRAG*) VOM JAHRE 1949 ZU SEITE 20

Eine einzige Kartenskizze genügt, die auf Seite 20 vorgebrachten Bedenken weitgehend zu zerstreuen. Beim Auflegen des „Bruchschemas" (Tafel 1) gemäß z = N 60° W auf die von *Sundius* (1928) veröffentlichte Kartenskizze im Maßstab 1:180000 der Verteilung von Spaltentälern, Bruchspalten, Pegmatit- und Diabasgängen im nördlich des Kalmargebiets liegenden Bereich der Bucht Valdemarsvik im südöstlichen Schweden ist leicht zu erkennen, daß die Mehrzahl der angeführten Strukturen und darüber hinaus Streichrichtungen von Inseln und Seen parallel zu typischen Richtungen laufen. Hingegen streicht eine Strukturlinie von großer Länge, das Valdemarsvik, abweichend in Richtung N 45° W. Von dieser Linie kann jedoch aus dem Kartenbild mit einiger Wahrscheinlichkeit angenommen werden, daß sie sich, wie auf Seite 6, 37, 46···47, 50, 65 und 77···78 dargelegt wurde, aus abwechselnd aneinanderreihenden, kurzen geradlinigen Brüchen zusammensetzt, die parallel laufen zu den beiden typischen Richtungen z = N 60° W und s = N 20° W. Vielleicht lassen sich in der gleichen Weise die auf Seite 20 angeführten nach *Kaufmann* (1931) vorherrschenden, jedoch mit typischen Richtungen nicht übereinstimmenden Strukturrichtungen ausmerzen.

*) Der Text des vorliegenden Buches ist identisch mit dem Text der von der Fakultät für Allgemeine Wissenschaften der Technischen Universität Berlin am 8. Januar 1948 genehmigten Dissertation: „Die Bruchstruktur der Erdrinde, insbesondere von Grönland, verglichen mit dem Schwächenetz von spröden Prüfkörpern".

6 ZUSAMMENFASSUNG

Es wird versucht, eine Brücke zu schlagen zwischen den Gebieten der Geomorphologie und der Festigkeitslehre.

Anschließend an *Daubrée, Hobbs* und *Deecke* wurde auf statistische Weise durch Ausmessen von gerichteten Strukturen auf geographischen und geologischen Karten ein für fast die gesamte festländische Erdkruste geltendes Richtungsschema aufgestellt. Es weist zwei sich rechtwinklig schneidende Richtungen und zwei weitere Richtungen auf, die von der einen der erstgenannten Richtungen um 40° bzw. von der anderen um 50° abweichen. Dies Richtungsschema wird durch Beispiele aus Deutschland, Skandinavien, Ostindien, Australien, Chile und Palästina belegt. Dei Orientierung dieses Richtungsschemas mit Bezug auf das Gradnetz der Erde ist für alle Erdteile mehr oder weniger genau angegeben.

Sehr ausführlich wird im Zusammenhang mit dem Richtungsschema auf die Bruchstruktur Grönlands eingegangen. Für Grönland ist das Richtungsschema dann richtig orientiert, wenn die eine der sich rechtwinklig kreuzenden typischen Richtungen parallel läuft zum Meridian 60° W v. Greenw., während die um 50° entgegen dem Uhrzeigerdrehsinn von dieser Richtung abweichende typische Richtung parallel zum Meridian 10° W v. Greenw. gerichtet ist. Diese Orientierung des Richtungsschemas wird durch zahlreiche geographische und geologische Belege in hohem Maße wahrscheinlich gemacht.

Weiterhin wird gezeigt, daß in vielen früheren Festigkeitsversuchen das empirisch gefundene, für die Bruchstruktur der Erdrinde geltende Richtungsschema zum Ausdruck kommt. Neue Scher-, Druck- und Torsionsversuche mit Paraffinprüfkörpern machen im Rahmen der Mohrschen Theorie wahrscheinlich, daß dieses Richtungsschema bei Festigkeitsversuchen die Bruchstruktur bestimmt. Auch Druck- bzw. Zug- und Verdrehversuche mit zylindrischen Metallprüfkörpern, Zug- und Druckversuche mit verschieden schräg genuteten Metallprüfkörpern von rechteckigem Querschnitt und Druckversuche mit angenähert quadratischen Hartpapierprüfkörpern verschiedener Schichtungsneigung bestätigen das genannte Richtungsschema mit großer Annäherung.

Das neugefundene Richtungsschema der Bruchstruktur von Grönland bzw., weniger sicher, das der gesamten Erdkruste kann somit als identisch mit dem der Bruchstruktur von Prüfkörpern bei Festigkeitsversuchen bezeichnet werden. Dieses Richtungsschema ist nicht nur theoretisch geophysikalisch von Interesse, sondern hat sehr wahrscheinlich auch praktische Bedeutung im Hinblick auf die gangartigen Lagerstätten, die Erdbebenprognose und Festigkeitsfragen.

7 SCHRIFTTUM

Ahlburg, J.: Versuch einer geologischen Darstellung der Insel Celebes. Geol. u. paläontol. Abh. *16* (N. F. *12*), H. 1, 1···172, 11 Taf. (1913).

Ahlmann, H. W: son: Some working hypotheses as regards the geomorphology of South Sweden. Geogr. Annaler *2*, 131···145 (1920).

— Studies in North-East Greenland 1939—1940. Geogr. Annaler *23*, 145···208, Tavl. 1···4 (1941).

Alboran: [Verf.: *Ludwig Salvator.*] 89 S., 18 Taf., 2 Pläne, 2 Karten. Prag: Mercy 1898.

Atanasiu, I. u. *T. Kräutner:* Das Erdbeben vom 10. November 1940 in Rumänien. Reichsanst. f. Erdbebenforschg. in Jena *40*, 7···30, Taf. 1 (1941).

Baker, J. R.: The Sinharaja rain-forest, Ceylon. Geogr. Journ. *89*, 539···551, Taf. (1937).

Baumann, R. u. *C. Schwarz:* Das normale Verhalten der technischen Werkstoffe. Handb. d. phys. u. techn. Mechanik. Bd. *4*, Teil 2: Technische Physik der festen Körper. Fig. 288, S. 402; Fig. 232, S. 376. Leipzig: Barth 1931.

Bierther, W.: Vorläufige Mitteilung über die Geologie des östlichen Scoresbylandes in Nordostgrönland. Meddel. om Grønl. *114* (Nr. 6), 1···20 (1941).

Böhme: Ergebnisse der Untersuchungen von Xylolithproben usw. Mitt. a. d. kgl. techn. Versuchsanst. zu Berlin *6*, 164···168, Taf. V (1888).

Börger, H.: Untersuchung der tektonischen Verhältnisse in der Umgegend von Ibbenbüren unter besonderer Berücksichtigung der Gesteinsklüfte. 44 Seiten. Berlin: Techn. H., Diss. v. 1. 5. 1928.

Boyd, Louise A.: Fjords of East Greenland. Geogr. Rev. *22*, 529···561, pl. 3 (1932).

Brüggen, J.: Grundzüge der Geologie und Lagerstättenkunde Chiles. 362 Seiten, 76 Abb.; hrsg.: Math.-naturw. Kl. Heidelb. Akad. d. Wiss. Leipzig: Weg 1934.

Bubnoff, S. von: Studien im südwestdeutschen Grundgebirge. Neues Jahrb. f. Min., Geol. u. Pal. Beil.-Bd. *55* B, 1···28, Taf. 1 (1926).

— Beiträge zur Tektonik des skandinavischen Südrandes. 1. Das Gefüge des Hammergranits auf Bornholm. 2. Die älteren Granite Bornholms im Rahmen der svekofennidischen Tektogenese. Neues Jahrb. f. Min., Geol. u. Pal. Beil.-Bd. *79* B, 274···384 (1938); *87* B, 277···396, Taf. 9···10 (1942).

Bürg, G.: Die nutzbaren Minerallagerstätten von Deutsch-Südwestafrika. 305 Seiten. Kartenmappe. Mitt. d. Gruppe deutscher kolonialwirtsch. Unternehmungen. Bd. 7. Berlin: de Gruyter 1942.

Bütler, H.: Das devonische Faltungsgebiet nördlich des Moskusoksefjordes in Ostgrönland. Meddel. om Grønl. *114* (Nr. 3), 1···32, 10 Taf. (1940).

Cahen, L. u. *G. Mortelmans:* Contribution à la carte géologique du Catanga. La géologie des degrés carrés Mokabe et Sampwe. Bull. Soc. Géol. Belg. *50*, 6···47, plate 1 (1940/41).

Cloos, H.: Bau und Bewegung der Gebirge in Nordamerika, Skandinavien und Mitteleuropa. Fortschr. d. Geol. u. Paläont. *7*, H. 21, 241···327, Taf. 1···5 (1928/29).

Dalmann, G.: Palästinische Forschungen zur Archäologie und Topographie. Bd. *1*. Petra und seine Felsheiligtümer. Bd. *2*. Neue Petra-Forschungen und der heilige Felsen von Jerusalem. 364 u. 172 Seiten, Kartenskizze. Leipzig: Hinrich 1908/12.

Daubrée, A.: Synthetische Studien zur Experimental-Geologie. Deutsche Ausgabe von A. Gurlt, 596 Seiten, 260 Holzst., 8 Taf. Braunschweig: Vieweg 1880.

Deecke, W.: Ein Grundgesetz der Gebirgsbildung. Neues Jahrb. f. Min., Geol. u. Pal. *1*, 119···133 (1908); *2*, 32···48, 55···73 (1908).

— Der Zusammenhang von Flußlauf und Tektonik, dargestellt an den Flüssen SW-Deutschlands. Fortschr. d. Geol. u. Paläont. *6*, H. 16, 1···74, 2 Taf. (1926).

Deecke, W.: Die Tektonik des Schwarzwälder Grundgebirges. Fortschr. d. Geol. u. Paläont. *10*, H. 31, 143···346 (1933).
Dutton, C. E.: Atlas to accompany the monograph on the Tertiary history of the Grand Cañon District. Department of the Interior. United States Geological Survey. 23 Karten. Washington 1882.
Eisenhut, E.: Geologische Untersuchungen im Bereich des burdigalen Kliffs zwischen Harthausen und Ingstetten (Schwäbische Alb). Jahrb. f. Min., Geol. u. Pal. Beil.-Bd. *87* B, 397···458, 14 Taf. (1942).
Elbert, J.: Die Sunda-Expedition des Vereins für Geographie zu Frankfurt am Main. Bd. *1*, 274 Seiten, 29 Taf., 3 Karten; Bd. *2*, 373 Seiten, 32 Taf., 7 Karten. Frankfurt a/Main: Minjon 1911/12.
Federn, K.: Spannungszustand und Bruchausbildung. Anschauliche Darstellung der spannungsmechanischen Grundlagen der Gestaltfestigkeit und der Gesetzmäßigkeiten der Bruchausbildung. 78 Seiten. Darmstadt: Techn. H., Diss. v. 2. 3. 1939.
Fischer, G.: Statistische Darstellungsmethoden in der tektonischen Forschung. Sitzungsber. d. geol. Landesanst. Berlin *5*, 4···25 (1930).
Freire de Andrade, C.: Die submarinen Täler Portugals in Verbindung mit der Tektonik der Berlengas-Inseln und der Estremadura-Küste. Geol. d. Meere u. Binnengew. *5*, 232···253 (1942).
Gavala y Laborde, J.: La geologia del Estrecho de Gibraltar. Bol. Inst. Geol. y Min. de España (3. ser.) *51*, 1···34, Karte (1929).
Goebel, F.: Der Lauf der Ruhr als Modell einer heterogenen Stromlinie. Geol. Rundsch. *16*, 166···178 (1925).
Griggs, D. T.: Deformations of rocks under high confining pressures. Journ. Geol. *44*, 541···577 (1936).
Gruber, O. von: Das Wohlthat-Massiv im Kartenbild. In: A. Ritscher (Hrsg.): Deutsche Antarktische Expedition 1938/39. Bd. 1. Wissenschaftliche und fliegerische Ergebnisse. S. 157···230, Karte 1···3. Leipzig: Koehler & Amelang 1942 (Deutsche Forschung. Schriften d. dtschn Forschungsgem., N. F. Bd. 3).
Guest, J. J.: Recent research on combined stress. Proc. Instn Automob. Engrs *35*, 33···72, 146···170 (1940/41).
Harper, L. F.: Geology and mineral resources of the Southern Coal-field. Part 1: The south coastal portion. Memoirs geol. Surv. New South Wales *7*, 1···410, Suppl. maps and sections (1915).
Hartmann, L.: Distribution des déformations dans les métaux soumis à des efforts. Revue d'artillerie *45*, 97···118, 225···248, 336···353, 429···452, 554···573 (1894/95); *46*, 166···188 (1895); *47*, 278···311, 366···402 (1895/96).
Hauser, L.: Ingenieurgeologische Studie der Erosionsschluchten (Owragi) in der Ukraine. Geol. u. Bauwesen *15*, 1···17 (1944).
Haußmann, K.: Übersichtskarte der magnetischen Deklination in Deutschland mit der Epoche 1921 (Jahresmitte). Peterm. geogr. Mitt. *68*, 177···180, Taf. 17 (1922).
Heise, W.: Kluftstreichen im Erzgebiet von Massa Marittima, Toskana. Zeitschr. d. deutsch. geol. Ges. *86*, 42···47 (1934).
Hilgenberg, O. C.: Vom wachsenden Erdball. 56 Seiten, 28 Abb., 2 Taf. Berlin: Selbstverlag 1933.
— Zur Frage der Trift der Kontinente und der Permanenz der Ozeane. Ann. d. Hydrogr. *68*, 261···272 (1940).
Hobbs, W. H.: On some principles of seismic geology. Gerlands Beitr. z. Geophys. *8*, 219···292 (1907).
— u. *J. Ruska:* Erdbeben. 274 Seiten, 124 Abb., 30 Taf. Leipzig: Quelle & Meyer 1910.
Kaiser, A.: Magnetische Messungen in Nordwestdeutschland. 50 Seiten. Berlin: Preuß. Geol. Landesanst. 1930 (Beitr. z. Erforsch. d. Erdrinde. *2*.) bzw. Berlin: Techn. H., Diss. v. 27. 3. 1930.
Kármán, T. von: Festigkeitsversuche unter allseitigem Druck. Zeitschr. VDI *55*, 1749···1757, Textblatt 29 (1911).

Karte (1906). Kort over Grönland udgivet af Commissionen for Ledelsen af de geologiske og geographiske Undersögelser i Grönland 1:2000000. 4 Teile. Kjöbenhavn 1906 (Beilage zu: Meddel. om Grønl. 1926).
Karte (1926). Kort over Grönland syd for 75° n. Br. udgivet af Commissionen for Ledelsen af de geologiske og geographiske Undersögelser i Grönland 1:2000000. 2 Teile. Kjöbenhavn 1926 (Beilage zu: Meddel. om Grønl. 1926).
Kaufmann, R.: Die Klufttektonik des Kambrosilurs von Gotland, Öland und dem Kalmargebiet. Geol. Rundsch. *22*, 292···306 (1931).
Keindl, J.: Theorie der Weltraummassen. 9 Seiten. Wien: Selbstverl. 1934.
Kennedy, A.: The rocks and monuments of Petra. Geogr. Journ. *63*, 273···301, Fliegerbild (1924).
Kidd, D. F. u. *M. H. Haycock:* Mineragraphy of the ores of Great Bear Lake. Bull. Geol. Soc. Amer. *46*, 879···960, Fig. 2 (1935).
Kirsch, B.: Beitrag zum Studium des Fließens, insbesondere beim Eisen und Stahl. Mitt. a. d. kgl. techn. Versuchsanst. z. Berlin *5*, 69···84 (1887); *6*, 37···48 (1888); *7*, 9···24 (1889).
Koch, L.: Et nyt Forkastningsomrade i Nordvestgrønland. Ymer *45*, 329···338 (1925).
— Note to maps of Melville Bay from Wilcox Point to Cape York and of North Greenland from 81°—83° 35′ N, 38°—56° W. Meddel. om Grønl. *64*, 77···88, plate 1, plate 2 (1927).
— The geology of East Greenland. Meddel. om Grønl. *73* (Afd. 2, Nr. 1···2, 1929), 1···320, pl. 1···5 (1929).
— The geology of the south coast of Washington Land. Meddel. om Grønl. *73* (Afd. 1, Nr. 1, 1929), 1···39, pl. 1···3 (1929a).
— Survey of North Greenland. Meddel. om Grønl. *130* (Nr. 1), 1···364, Atlas-Band mit 21 pl. (1940).
Koeppel, R.: Palästina. Die Landschaft in Karten und Bildern. 174 Seiten. Tübingen: Mohr 1930.
Körber, F. u. *H. Hoff:* Über die Festigkeitseigenschaften und den Reißwinkel kaltgewalzter Metalle. Mitt. K.-W.-Inst. f. Eisenforsch. *10* (Abh. 105), 175···187, Taf. 10 u. 11 (1928).
— u. *E. Siebel:* Zur Theorie der Reißwinkelbildung. Mitt. K.-W.-Inst. f. Eisenforsch. *10* (Abh. 106), 189···192 (1928).
Kornerup, A.: Geologiske Iagttagelser fra Vestkysten af Grønland (62°—64° 15′ n. Br.). Meddel. om Grønl. *1*, Nr. 3 (1876/78), 77···139, 2. Oplag (1890).
Krebs, N.: Das südlichste Indien. Zeitschr. d. Ges. f. Erdkunde z. Berlin, 241···270 (1933).
— Morphologische Beobachtungen in Südindien. Sitzungsber. d. preuß. Akad. d. Wiss., phys.-math. Kl., 694···721 (1933a).
Krueger, H. K. E.: Gesteinskörper und Inlandeis Grönlands in ihrer gegenseitigen Beziehung und Auswirkung. Zeitschr. f. Gletscherkde *17*, 1···32 (1929).
— Zur Geologie von Westgrönland, besonders der Umgebung der Disko-Bucht und des Umanak-Fjordes. Meddel. om Grønl. *74*, 97···136, plate VIII (1930).
Krusch, P.: Geologische Karte des Südrandes des Beckens von Münster zwischen Menden und Witten. Flöz-Karte. Profil-Tafel. Jahrb. d. kgl. preuß. Geol. Landesanstalt *29*, Teil 2, Taf. 1···3 (1908).
Kruuse, C.: Rejser og bataniske undersøgelser i Øst-Grønland mellem 65° 30′ og 67° 20′ i aarene 1898—1902. Meddel. om Grønl. *49*, 1···304, Tavle 1···4 (1912).
Kukuk, P.: Geologie des niederrheinisch-westfälischen Steinkohlengebietes. Textband: 706 Seiten; Tafelband: 14 Taf. Berlin: Springer 1938.
Lacmann, O.: Karte von Nordostgrönland, Blatt Claveringöya, Jordanhill und Geographical Society-Öya. 57 S., 3 Karten. Oslo: Verl. d. NSIU 1937.
Laurell, E. u. *B. Hedenstierna:* Stockholmstraktens topografiska huvuddrag. Ymer *58*, 125···146 (1938).
Lemoine, P.: Madagascar. In: Handb. d. region. Geol., hrsg. von G. Steinmann u. O. Wilckens. Bd. 7 (Abt. 4), 44 S. Heidelberg: Winter 1911.

Lindekrantz, G.: Submarine ändmoränstrak. Geol. Föreningens i Stockholm Förhandlingar *66*, 761···773 (1944).
Ludwik, P.: Elemente der technologischen Mechanik. 57 Seiten, 3 Tafeln. Berlin: Springer 1909.
Maack, R.: Geographische und geologische Forschungen in Santa Catharina (Brasilien). Zeitschr. d. Ges. f. Erdk. z. Berlin, Erg.-H. *5*, 1···82 (1937).
Maier, A. F.: Einfluß des Spannungszustandes auf das Formänderungsvermögen der metallischen Werkstoffe. 47 Seiten. Stuttgart: Techn. H., Diss. v. 6. 3. 1934.
Malmquist, D.: Zur Kenntnis der oberkarbonischen Sedimente der westlichen Clavering-Insel, Ostgrönland. Meddel. om Grønl. *94* (Nr. 6, 1932), 1···28, Taf. 1 (1932/33).
Margerie, E. de: Critique et géologie. Contribution á l'histoire des sciences de la terre (1882—1942). Tome 2, S. 1081, Fig. 366: Falaise du Mesa Verde; S. 1104, Fig. 375: Grand Canyon. Paris: Colin 1946.
Martens, A.: Die Festigkeitseigenschaften des Magnesiums. Mitt. a. d. kgl. techn. Versuchsanst. z. Berlin *5*, Erg.-H. 1, 1···40 (1887).
— Handbuch der Materialienkunde für den Maschinenbau. Teil 1. 515 Seiten, 19 Taf. Berlin: Springer 1898.
— u. *E. Heyn:* Handbuch der Materialienkunde für den Maschinenbau. Teil 2, Hälfte A. S. 364···369, Abb. 370, Taf. XIII. Berlin: Springer 1912.
Mead, W. J.: Notes on the mechanics of geologic structures. Journ. Geol. *28*, 505···523, insbes. 511, Fig. 4 (1920).
Menzi, A.: Die Moore Mitteleuropas. Peterm. geogr. Mitt. *64*, 97···101, 150···155, Tafel 9 (1918).
Mittelholzer, A. E.: Die Kristallingebiete von Clavering-Ø und Payer Land (Ostgrönland). Meddel. om Grønl. *114* (Nr. 8), 1···42, 2 Taf. (1941).
Mohr, O.: Abhandlungen aus dem Gebiete der technischen Mechanik. (Welche Umstände bedingen die Elastizitätsgrenzen und den Bruch eines Materials?). 1. Aufl. S. 187···219. Berlin: Ernst 1906.
Mott, P.: The Oxford University Greenland expedition, West Greenland, 1936. Geogr. Journ. *90*, 315···334, Taf. S. 392 (1937).
Nádai, A.: Der bildsame Zustand der Werkstoffe. 172 Seiten, 298 Textabb. Berlin: Springer 1927.
Nansen, F.: The strandflat and isostasy. Skrifter utg. av Videnskaps. i Kristiania 1921. Mat.-nat. Kl. *2* (No. 11), 1···313 (1922).
Nielsen, E.: The Permian and Eotriassic vertebrate-bearing beds at Godthaab Gulf (East Greenland). Meddel. om Grønl. *98* (Nr. 1), 1···111, plate 1 (1935).
— Remarks on the map and the geology of Kronprins Christians Land. Meddel. om Grønl. *126* (Nr. 2), 1···35, 1 pl. (1941).
Noe-Nygaard, A. u. *G. Säve-Söderbergh:* Zur Stratigraphie der Nordostecke der Claveringinsel (Ostgrönland). Meddel. om Grønl. *94* (Nr. 3, 1932), 1···30, Taf. 5 (1932/33).
Nordenskjöld, A. E. von: Grönland. Seine Eiswüsten im Innern und seine Ostküste. 505 S., 5 Karten. Leipzig: Brockhaus 1886.
Nordenskjöld, O.: Einige Züge der physischen Geographie und der Entwicklungsgeschichte Südgrönlands. Geogr. Zeitschr. *20*, 425···441, 505···524, 628···641 (1914).
Odell, N. E.: The structure of the Kejser Franz Josephs Fjord region, North East Greenland. Meddel. om Grønl. *119* (Nr. 6, 1939), 1···53, plate 2 (1937/39).
Orowan, E.: A type of plastic deformation new in metals. Nature *149*, 643···644, Fig. 5 (1942).
Peacock, M. A.: Fiord-land of British Columbia. Bull. Geol. Soc. Amer. *46*, 633···696, fig. 13 (1935).
Philippson, A.: Reisen und Forschungen im westlichen Kleinasien. Peterm. geogr. Mitt., Erg.-Bd. *36* (H. 167), 1···104 (1911); *37* (H. 172), 1···100 (1912); *38* (H. 177), 1···129 (1914); *38* (H. 180), 1···107 (1914); *39* (H. 183), 1···158, 6 Karten (1914/15).

Pomp, A.: Widerstand von Metallen und Legierungen gegen Druck. Zeitschr. VDI *64*, 745···746 (1920).

Porsild, M. P.: Om de grönlandske Isfjordes saakaldte Udskydning. Geogr. Annaler *1*, 149···157, Fig. 1 (1919).

Pumpelly, R.: Across America and Asia. Notes of a five years journey around the world and of residence in Arizona, Japan and China. 554 S., Karte S. 306. London: Sampson & Marston 1870.

Quiring, H.: Über Verlauf und Entstehung von Querstörungen in Faltengebirgen nach Beispielen aus dem rheinisch-westfälischen Steinkohlengebirge. Zeitschr. f. d. Berg-, Hütten- u. Salinenwesen i. preuß. Staate *67 B*, 133···142 (1919).

— Zur Tektonik von Rumpfschollen-Gebirgen. Zeitschr. d. deutsch. geol. Ges. *71*, 134···136 (1919a).

— Über das Problem der Krusten- und Gebirgsbildung. Die Verlangsamung der Erde im Laufe der geologischen Zeiten als Ursache tektonischer Bewegungen. Geol. Rundsch. *11*, 193···234 (1921).

— Über Wesen und Ursprung der postvaristischen Tektonik Nordwestdeutschlands. Ein Beitrag zur Kinematik der Schrägschollengebirge. Zeitschr. d. deutsch. geol. Ges. *76*, 62···87 (1924).

— Postbasaltische und rezente Schubbewegungen auf Überschiebungsklüften im Rheinischen Schiefergebirge. Zeitschr. d. deutsch. geol. Ges. *76*, 139···143 (1924a).

— Eine Quartärisobasenkarte Westdeutschlands. Peterm. geogr. Mitt. *74*, 144···152, Taf. 20 (1928).

— Die jungtertiären Eisenmanganerzvorkommen im Devon, Karbon und Pliocän von Südportugal. Arch. f. Lagerstättenforschung H. *63*, 1···51 (1936).

— Der Antimonitgang von Ceuta (Nordmarokko). Metall u. Erz *41*, 121···124 (1944).

Reinhardt, M.: Der Eyre-See und sein Becken. 131 Seiten, 1 Karte. Dresden: Techn. H., Diss. v. 13. 12. 1932.

Riedel, F.: Über die Grundlagen zur Ermittlung des Arbeitsbedarfes beim Schmieden unter der Presse. Mitt. über Forschungsarb. auf d. Geb. d. Ingenieurwes. H. *141*, 1···71 (1913).

— Über die Grundlagen zur Ermittlung des Arbeitsbedarfes beim Schmieden unter der Presse. Zeitschr. VDI *57*, 846···851 (1913).

— Die Rutschkegelbildung als Grundlage für das Materialprüfwesen. Zeitschr. VDI *66*, 566···571 (1922).

Roš, M. u. *A. Eichinger:* Versuche zur Klärung der Frage der Bruchgefahr. II. Nichtmetallische Stoffe. Diskussionsber. Eidgen. Mat.-Prüf.-Anst. E. T. H. Zürich *28*, 1···30 (1926).

Rudeloff: Versuche mit Betonsäulen. Beton u. Eisen *10*, 97···108 (1911).

Rüger, L.: Die direkte gebirgstreue Übertragung der auf dem Universaldrehtisch gewonnenen Messungsergebnisse gebirgsorientierter Schliffe in das Diagramm. Sitzungsber. d. Heidelb. Akad. d. Wiss., math.-nat. Kl. (Abh. 12), 1···13 (1927).

— Einige Bemerkungen zur Darstellung tektonischer Elemente, insbesondere von Klüften und Harnischen. Sitzungsber. d. Heidelb. Akad. d. Wiss., math.-nat. Kl. (Abh. 1), 1···16 (1928).

Rutten, L. M. R.: Voordrachten over de geologie van Nederlandsch Oost-Indie. 839 Seiten. Groningen/Den Haag: Wolters 1927.

Rymill, J. R.: The Tuktilik (Lake Fjord) country, East Greenland. Geogr. Journ. *83*, 364···380 (1934).

Säve-Söderbergh, G.: Further contributions to the Devonian stratigraphy of East Greenland. Meddel. om Grønl. *96* (Nr. 2), 1···74, 10 pl. (1934).

Schmidle, W.: Die Großformen der Bodenseelandschaft und ihre Geschichte. Abh. d. Heidelb. Akad. d. Wiss., math.-nat. Kl. *25*, 1···54, 6 Karten (1944).

Scholl, J.: Über Gleit- und Brucherscheinungen. 47 Seiten, maschinengeschr., 41 Taf. Aachen: Techn. H., Diss. v. Juli 1923.

— Über Gleit- und Brucherscheinungen. Zeitschr. VDI *69*, 406···410 (1925).

Seidl, E.: Bruch- und Fließformen der technischen Mechanik und ihre Anwendung auf Geologie und Bergbau. Berlin: VDI-Verl., Bd. *2.* Scherform 1930; Bd. *3.* Zerreißform 1930; Bd. *5.* Krümmungsform 1934.

Shepard, F. P. u. *K. O. Emery:* Submarine topography off the California Coast: Canyons and tectonic interpretation. Special Papers Geol. Soc. Amer. *31,* 1…171, 4 charts (1941).

Siebel, E. u. *A. Pomp:* Der Zusammenhang zwischen der Spannungsverteilung und der Fließlinienbildung an Kesselböden mit und ohne Mannloch bei der Beanspruchung durch inneren Druck. Mitt. a. d. K.-W.-Inst. f. Eisenforsch. *8* (Abh. 62), 63…77 (1926).

Sieberg, A.: Erdbebengeographie. In: Handbuch der Geophysik, hrsg. von B. Gutenberg, Bd. *4,* Lief. 3, S. 687…1005. Berlin: Bornträger 1932.

Solger, F.: Großformen in Norddeutschland. Zeitschr. d. deutsch. geol. Ges. *87,* 1…21 (1935).

Sonder, R. A.: Die Lineamenttektonik und ihre Probleme. Ecl. Geol. Helv. *31,* 199…238 (1938).

Spender, M.: East-Greenland expedition in 1932. Map making during the expedition. Meddel. om Grønl. *104* (Nr. 2, 1933), 1…20, 2 plates (1933/37).

— Terrestrische und Luft-Photogrammetrie in Grönland. Peterm. geogr. Mitt. *85,* 153…162 (1939).

Staub, W.: Zur Kenntnis der Anordnung der Gebirgsketten in Ostmexiko. Geol. Rundsch. *16,* 161…166 (1925).

Stauber, H.: Stratigraphisch-geologische Untersuchungen in der ostgrönländischen Senkungszone des nördlichen Jamesonlandes. Meddel. om Grønl. *114* (Nr. 7), 1…34, 1 Taf. (1940).

— Die Triasablagerungen von Ostgrönland. 325 Seiten, 7 Tafeln. Zürich: E. T. H., Diss. 1942 bzw. Meddel. om Grønl. *132* (Nr. 1, 1942), 1…325 (1942).

Stehmann, R.: Das Unterkambrium und die Tektonik des Paläozoikums auf Bornholm. 62 Seiten. Greifswald: Univ. Phil. Fak., Diss. v. 26. 7. 1934.

Stephenson, A.: Kangerdlugsuak and Mount Forel. Geogr. Journ. *80,* 1…14, 2 plates (1932).

Stevens, C.: La notion de la permanence de directions tectoniques, les terrains tertiaires et la morphologie du sol belge. Bull. Soc. Géol. Belg. *50,* 170…185, Fig. 1 (1940/41).

— Sur quelques apparentes anomalies morphologiques du sol belge. Bull. Soc. Géol. Belg. 51, 50…61 (1942).

Stille, H.: Die Hessische Tiefe im tektonischen Großbilde Europas. Zeitschr. d. deutsch. geol. Ges. *88,* 669…686 (1936).

Stillwell, F. L.: Metamorphic rocks of Adelie Land. Sci. Reports of the Australasian Antarctic Expedition 1911—1914, Series A, vol. *8,* part 1, 230 Seiten, 35 Tafeln. Adelaide 1918.

Sundius, N.: Über die spaltentektonischen Verhältnisse der Gegend südöstlich vom Valdemarsvik im südöstlichen Schweden. Fennia *50,* Nr. 24, 1…11, Taf. 1 (1928).

Troll, C.: Luftbildplan und ökologische Bodenforschung. Zeitschr. Ges. f. Erdk. Berlin, 241…298 (1939).

Tullie, M. Ritter von: Versuche mit Betonsäulen. Beton u. Eisen *10,* 171…173, Abb. 3 (1911)

Ussing, N. V.: Geology of the country around Julianehaab, Greenland. Meddel. om Grønl. *38,* 1…426 (1912).

Vening Meinesz, P. A.: Spanningen in de aardkorst door poolverschuivingen. Versl. Ned. Akad. v. Wetensch., Afd. Natuurk. *52,* 183…196 (1943) bzw. Tijdschr. Ned. Aardr. Gen. Amsterdam *60,* 530…535 (1943).

ver Steeg, K.: Some structural features of Ohio. Journ. Geol. *52,* 131…138 (1944).

Vischer, A.: Der postdevonische Bau Ostgrönlands zwischen 73° und 75° n. Br. Meddel. om Grønl. *114* (Nr. 4), 1…20 (1940).

Vischer, A.: Die postdevonische Tektonik von Ostgrönland zwischen 74° und 75° n. Br. Meddel. om Grønl. *133* (Nr. 1), 1···195, 6 Tafeln (1943).
Wager, L. R.: The Kangerdlugsuak region of East Greenland. Geogr. Journ. *90*, 393···425, Karte S. 488 (1937).
— u. *W. A. Deer:* Geological investigations of East Greenland. Part 3. The petrology of the Skaergaard Intrusion, Kangerdlugssuaq, East Greenland. Meddel. om Grønl. *105* (Nr. 4), 1···352, 1 map (1939).
Wagner, G.: Junge Krustenbewegungen im Landschaftsbilde Süddeutschlands. Beiträge zur Flußgeschichte Süddeutschlands 1. 302 Seiten. Öhringen: Rau 1929 (Erdgeschichtliche u. landeskundliche Abhandl. aus Schwaben u. Franken. H. 10).
— Die Entstehung neuer Flußnetze in Süddeutschland. Geogr. Zeitschr. *44*, 161···171 (1938).
Weber, E.: Die morphologische Gliederung der mittelchilenischen Küstenkordillere. Peterm. geogr. Mitt. *84*, 257···262 (1938).
Wegener, A.: Die Entstehung der Kontinente und Ozeane. 242 Seiten, 63 Abb. Braunschweig: Vieweg 1941 (Samml. Vieweg Nr. 66).
Wegmann, C. E.: Geological investigations in southern Greenland. Part 1. Meddel. om Grønl. *113* (Nr. 2, 1938), 1···148, 7 plates (1938).
Weiss, F.: Über den Orthodromismus der Erhebungen. Peterm. geogr. Mitt. *2*, 286 bis 293, Taf. 16 (1856).
Whitelaw, O. A. L.: The Wedderburn gold-field. Memoirs geol. Surv. of Victoria *10*, 1···38, 1 map (1911).
Wilson, C. C.: Los Bajos Fault of South Trinidad, B. W. I. Bull. Amer. Ass. Petrol. Geol. *24*, 2102···2125, Fig. 1 (1940).
Wißmann, H. von, C. Rathjens u. *F. Kossmat:* Beiträge zur Tektonik Arabiens. Geol. Rundsch. *33*, 221···353, 7 Texttafeln (1942).
Wright, J.: Methods of survey in North East Land. Geogr. Journ. *93*, 210···227 (1939).

HÖHENSCHICHTENKARTE DER MITTELCHILENISCHEN KÜSTENKORDILLERE IM MAIPO-PEDERNAL-RAUM

Von EHRFRIED WEBER

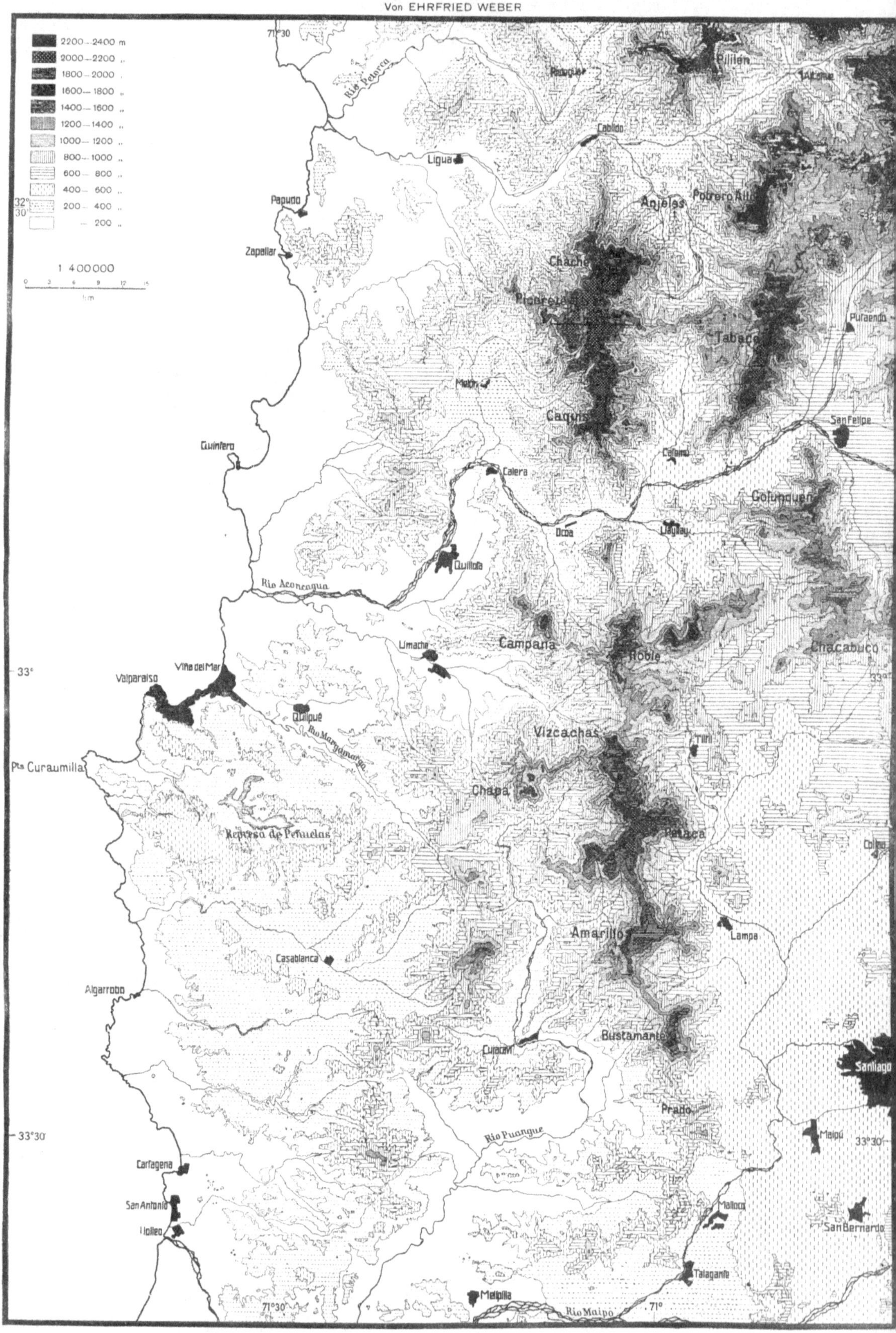

Deck
geologischen Karte des W

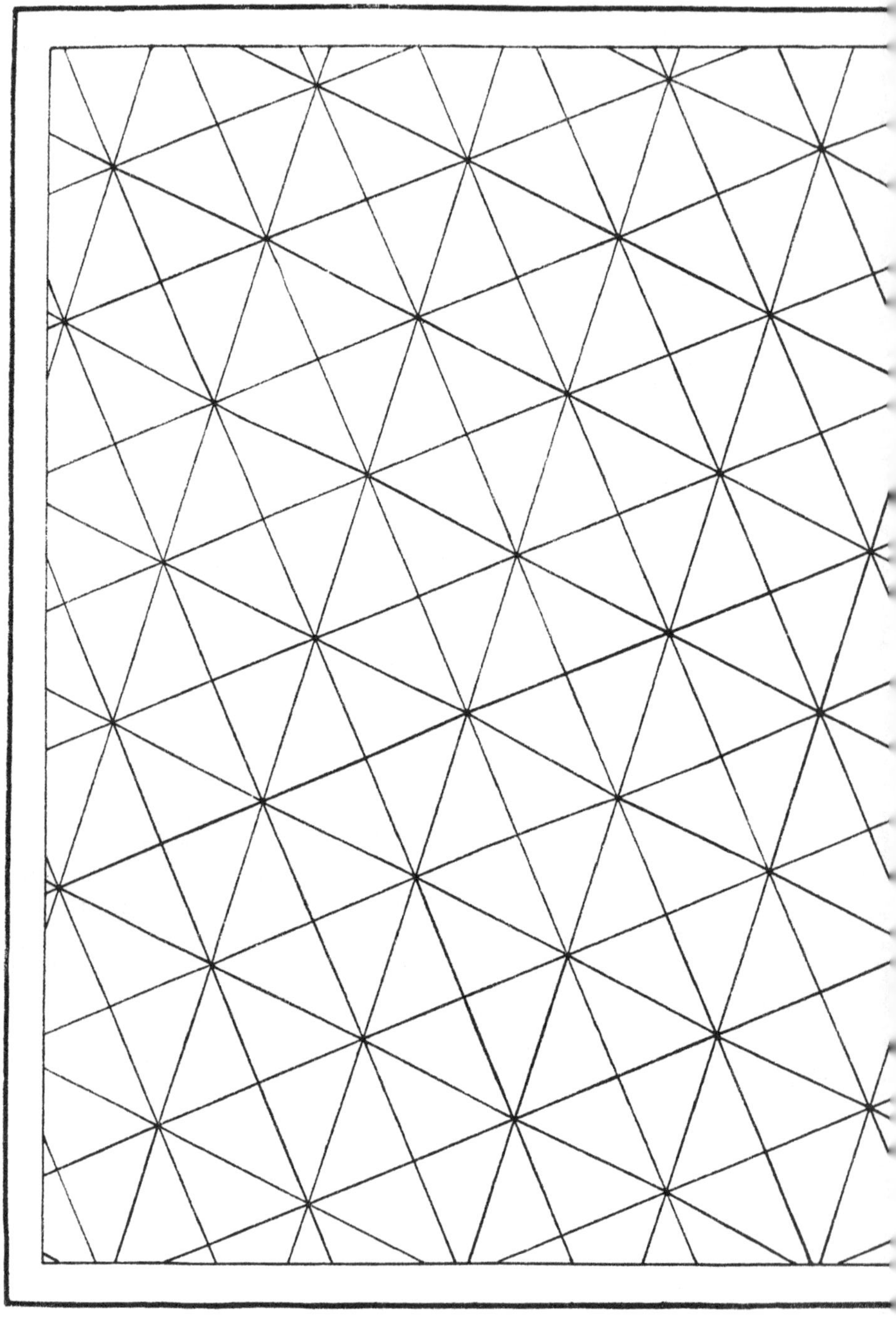

Hilgenberg, Bruchstruktur

r
ırn-Goldfeldes, Victoria

Zu Tafel 2

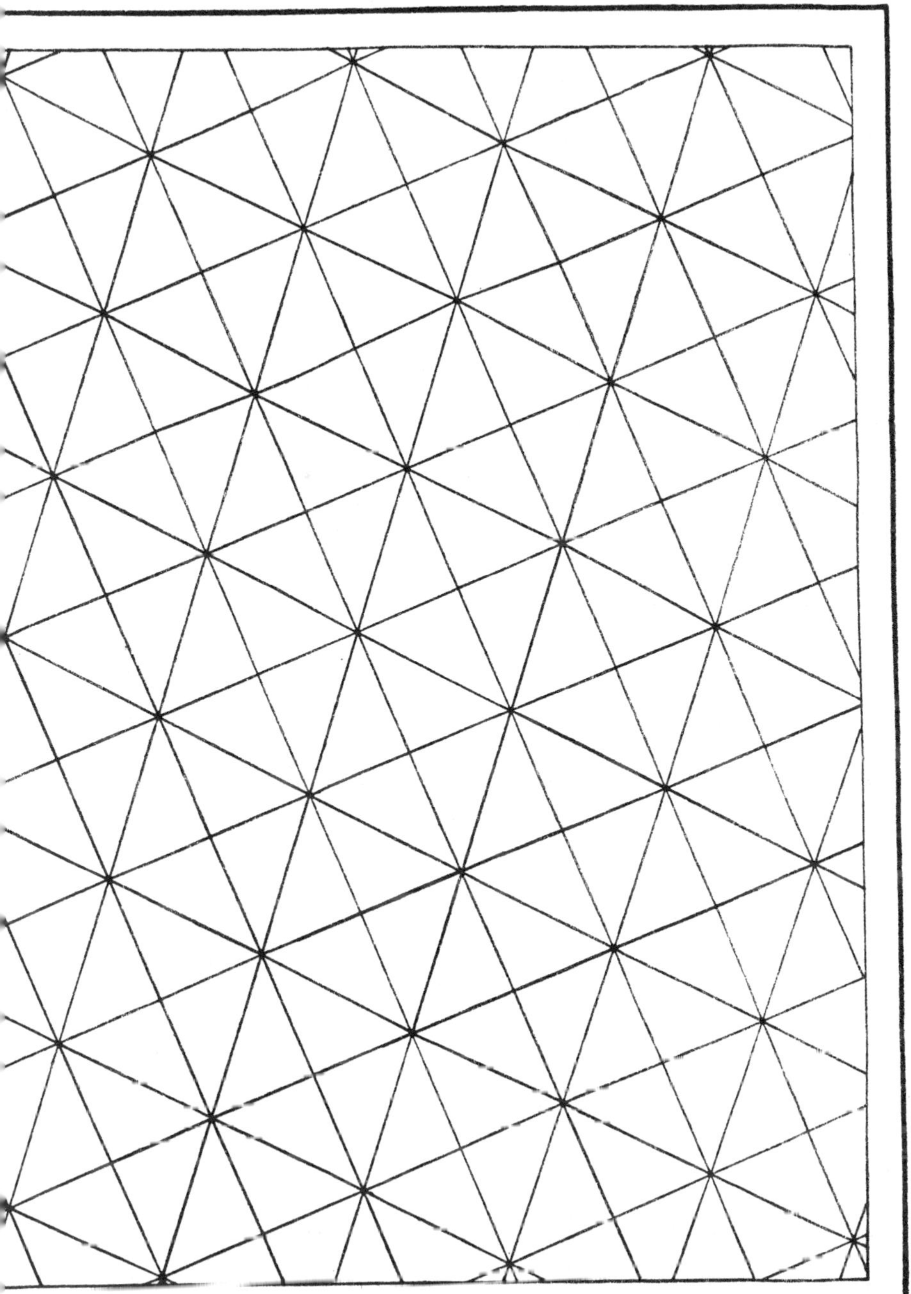

Akademie-Verlag, Berlin

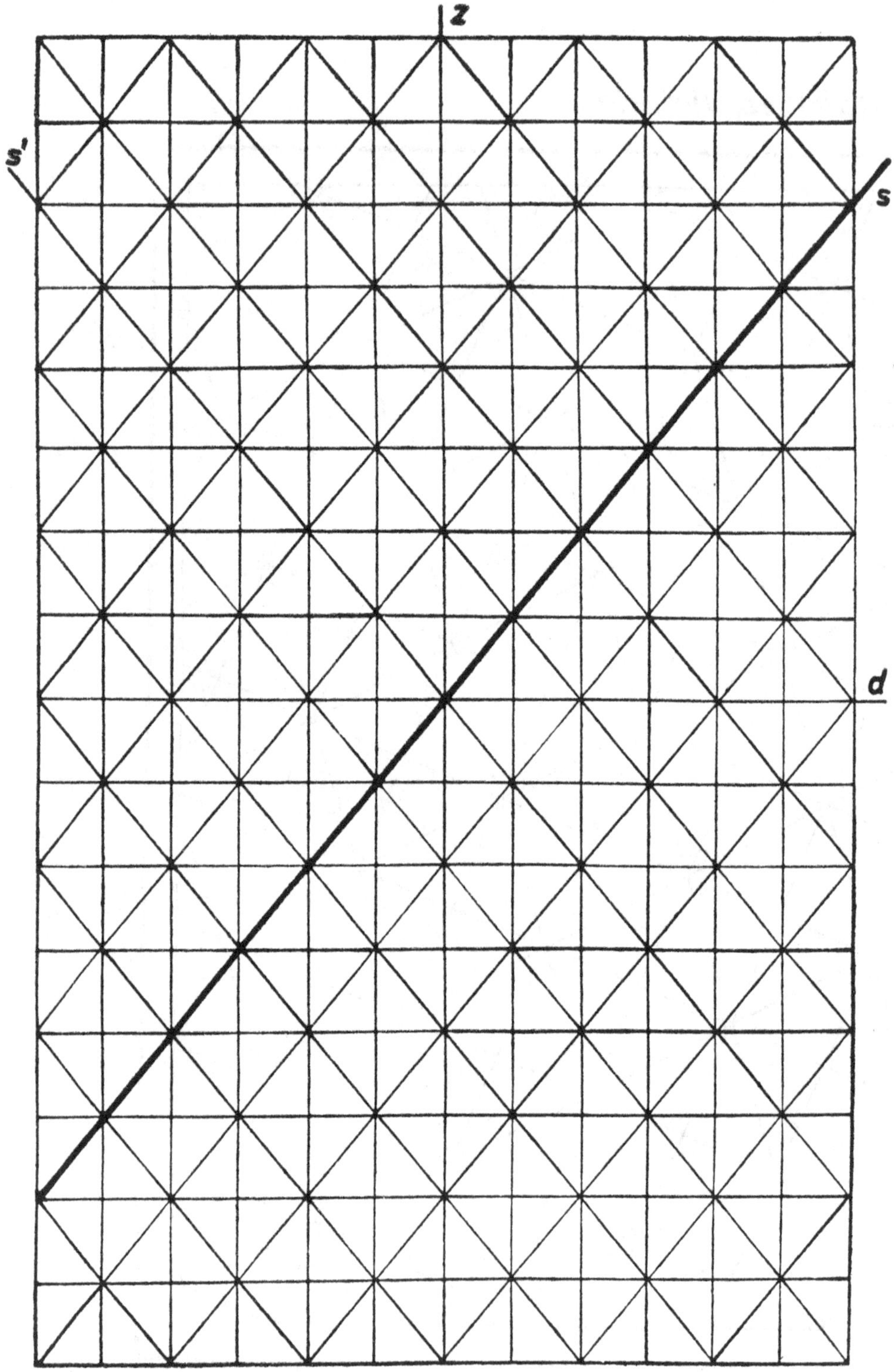

Tafel 1. Bruchschema

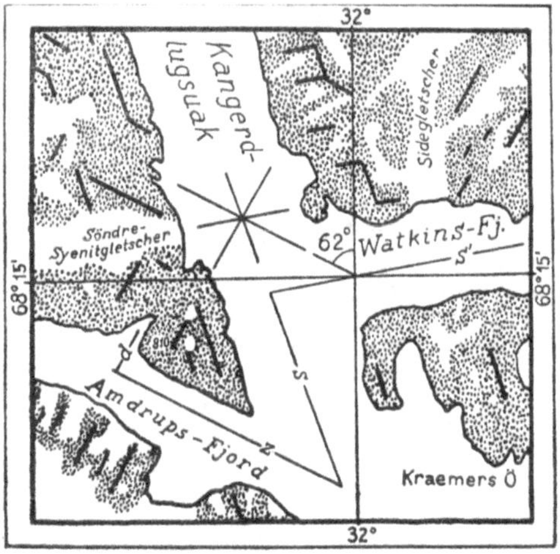

Abb. 19. Zuordnung der Richtungen von Fjorden, Berggraten und Gletscherzungen zum grönländischen Bruchschema. Schematisierter Ausschnitt aus Blatt 68 Ö. 3 der Karte von Grönland im Maßstab 1 : 250000. Punktiert: schneefreies Gelände. Starke Linien: Berggrate.

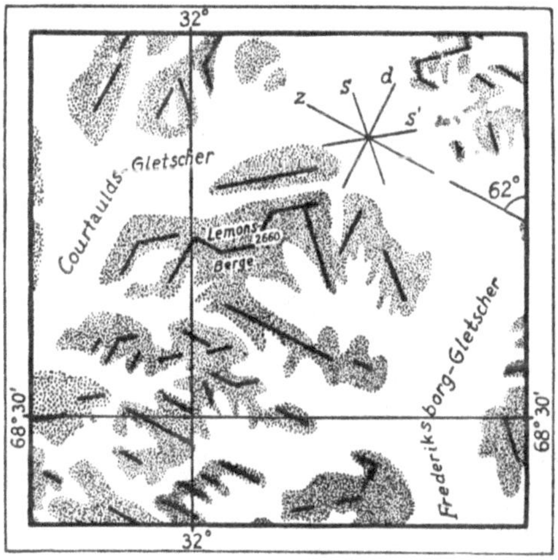

Abb. 20. Zuordnung der Richtungen von Gletscherzungen, Berggraten und Nunatakkern zum grönländischen Bruchschema. Schematisierter Ausschnitt aus Blatt 68 Ö. 3 der Karte von Grönland im Maßstab 1 : 205000.
Punktiert: schneefreies Gelände. Starke Linien: Berggrate.

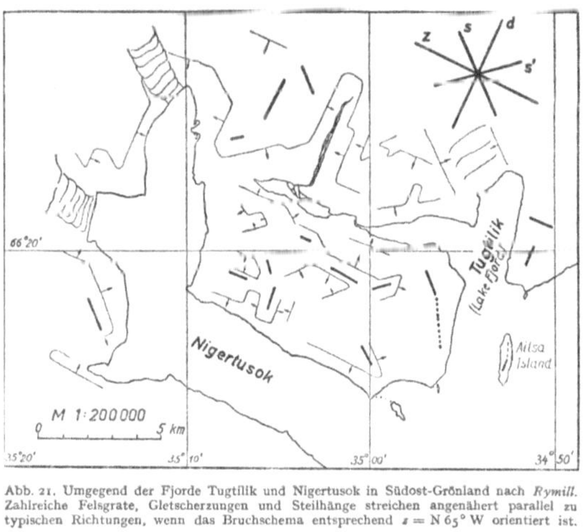

Abb. 21. Umgegend der Fjorde Tugtilik und Nigertusok in Südost-Grönland nach *Rymill*. Zahlreiche Felsgrate, Gletscherzungen und Steilhänge streichen angenähert parallel zu typischen Richtungen, wenn das Bruchschema entsprechend $z = N\,65°\,W$ orientiert ist.

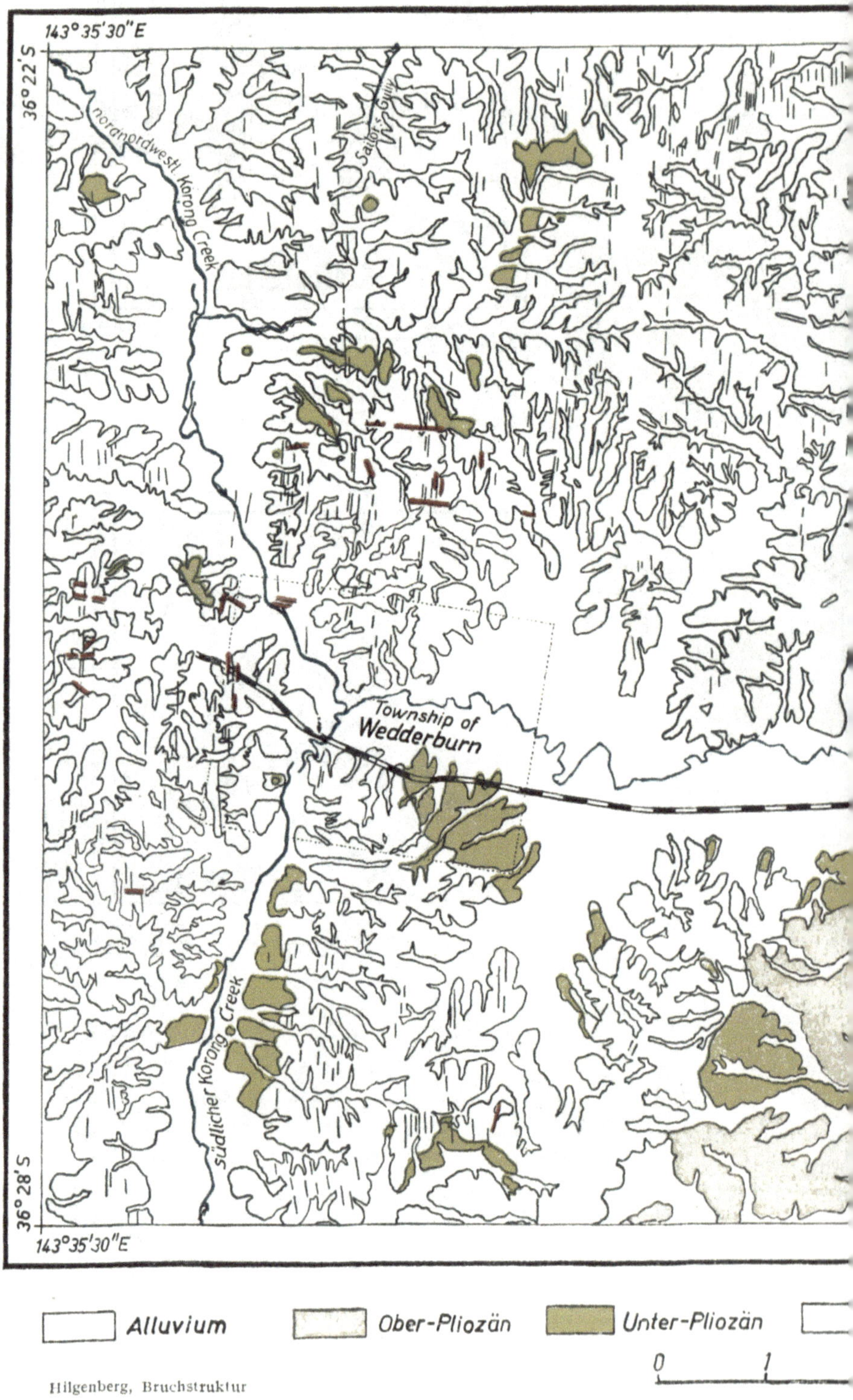
143°35'30"E
36°22'S
nordnordwestl. Korong Creek
Sailor's Gully
Township of
Wedderburn
südlicher Korong Creek
36°28'S
143°35'30"E
Alluvium
Ober-Pliozän
Unter-Pliozän
0
1

n Granit Ader (reef) Gang (dyke)

4 5 km

Akademie-Verlag, Berlin

Zeitfracht Medien GmbH
Ferdinand-Jühlke-Straße 7
99095 Erfurt, Deutschland
produktsicherheit@kolibri360.de